成长不迷茫 青春不落幕

桂兰顺 / 著

国家一级出版社 中国纺织出版社 全国百佳图书出版单位

内 容 提 要

年轻人在走出象牙塔之后，总有一些时候会感到迷惘，不要知道要如何面对人生，也不知道应该怎样才能真正地充实和成就自己。当怀着迷惘面对人生，就像漂浮在漫无边际的大海，失去方向。年轻人唯有为自己确定方向，才能勇往直前，收获人生的充实与精彩。

本书从年轻人的心理角度出发，以现代社会日新月异的改变为阐述背景，告诉年轻人在成长过程中产生困惑、看不到希望的时候，如何笃定内心，以不变应万变。本书还从心理学、人际交往等方面进行深入阐述，告诉年轻人应该如何面对自己，成就自我。

图书在版编目（CIP）数据

成长不迷茫，青春不落幕 / 桂兰顺著. —北京：中国纺织出版社，2019.7（2019.7重印）
ISBN 978-7-5180-6037-5

Ⅰ.①成… Ⅱ.①桂… Ⅲ.①人生哲学—通俗读物 Ⅳ.①B821-49

中国版本图书馆CIP数据核字（2019）第051895号

责任编辑：闫　星　　特约编辑：王佳新　　责任印制：储志伟

中国纺织出版社出版发行
地址：北京市朝阳区百子湾东里A407号楼　邮政编码：100124
销售电话：010—67004422　传真：010—87155801
http：//www.c-textilep.com
E-mail：faxing@c-textilep.com
中国纺织出版社天猫旗舰店
官方微博http：//weibo.com/2119887771
三河市延风印装有限公司印刷　各地新华书店经销
2019年7月第1版　2019年7月第2次印刷
开本：880×1230　1/32　印张：6
字数：148千字　定价：39.80元

前言

几乎每个年轻人都希望青春永驻，然而却在不知不觉之间就早早过上了退休的生活，每天朝九晚五，安逸舒适。正如一句流行语所说，不吃苦，不奋斗，你要青春做什么？的确，人生是一场没有归途的旅程，每个人都不知道自己人生的目的地在哪里，也常常因为不确定人生的目标和方向而随波逐流，渐渐地迷失自己。实际上，尽管人生是一场目的地不确定的旅程，但是每个人却可以有的放矢地激发自己的主动性，从而更好地成长起来，面对内心。否则，就像船只在漫无边际的大海上航行，如何才能靠岸，如何才能有效地激发人生的动力，获得进步的能量呢？

毋庸置疑，青春时光是人生中最美好的时候，在这个阶段，每个人都年富力强，所以要好好地学习和生活，也要认真地、全力以赴地工作。唯有如此，才能在成长的道路上不断进取，也让自己获得长足的进步和发展。青春期的我们就像是早晨八九点钟的太阳，带着蓬勃的朝气，尽管非常绚烂，却不会刺眼。作为年轻人，一定要迎着朝阳挖掘自己内心的力量，全力以赴地在人生之中绽放光彩。

当然，年轻人也面临成长，虽然带着满腹的学识走出大学校园，但是想要真正应对人生，还需要不断地成长，努力充实自己。唯有如此，才能最大限度激发生命的能量，也才能全力以赴做好该做的事情。努力成长的年轻人，有着明确的目标和充足的动力，也常常会在成长过程中突破和超越自己。记住，唯有站得高，才能看得远，如果年轻人总是沉迷于现在，也总是贪图安逸和享受，那么他们就无法有的放矢地整理思绪，健康快乐地面对未来。记住，人生从来不是盲目摸索，虽然我们在人生之中都要摸着石头过河，但实际上，也要有一定的方向，看到人生的曙光，才能不畏艰辛，砥砺前行。

在人生遭遇困境的时候，我们还要做到不忘初心，越是在暴风雨疯狂到来的时候，越是应该全力以赴去做好自己该做的事情。每一个有追求的年轻人不会死于安乐，而是生于忧患。虽然杞人忧天会使人平添几分烦恼，但是未雨绸缪却能帮助年轻人更好地面对未来。任何时候，我们都要有所追求，也要把青春作为自己最强大的资本去运筹帷幄。记住，青春从来不是拿来肆意挥霍的，而是拿来努力奋斗的。

作为年轻人，还要有吃苦的精神。如今，有很多年轻人从小就在父母的呵护和精心照顾下成长，因此很少会全力以赴奔赴人生的目标，遇到小小的坎坷和挫折就会放弃。殊不知，只要努力尝试了，哪怕失败，也是一种收获和经验的积累。而如果出于各种各样的原因就放弃努力，则一定会在奋斗的过程中忘却初心，最后迷失方向。

成长不迷茫，青春不落幕，你做好准备了吗？从此刻开始，行动起来吧！

编著者

2018年9月

目录

第01章 因为年轻，所以不惧一无所有

年轻代表着梦想、代表着希望，它能给予你的不是金钱，也不是安逸的生活。年轻就是活力，年轻就是资本，年轻就是希望，年轻就是追求，年轻就是梦想。年轻有蓬勃的朝气，年轻有创新的思维，年轻有纠错的时间，年轻有不屈的精神，年轻有坚强的意志。年轻人拥有青春，在这人生最美好的阶段，即使可能一无所有，但只要胸怀梦想、怀揣希望，不断奋斗、努力拼搏，拿出年轻人无所畏惧的精神，就能书写属于自己的青春篇章。

年轻就是奋斗的资本

你是不是经常听到老者的感慨和悔恨，感慨年事已高、时间流逝、岁月无情，悔恨年轻时不懂事、不努力、不奋斗。如果时间倒流，他们坚信通过奋斗会呈现不一样的人生。有一则针对老年人的调查显示，如果让他们重获青春，他们普遍最想做的就是更加努力奋斗，改变目前的人生状态。

你现在可以一无所有、一事无成，因为你还年轻，年轻就是奋斗的资本。现在你与经验丰富的人比还略显欠缺，与阅历丰富的人比还略显稚嫩，与沉稳的人比还略显浮躁。俗话说，家有一老如有一宝。的确，老同志有丰富的经验、阅历。谈判桌上能与对方唇枪舌战、拍板定案的往往是老同志，推销产品也是看上去比较沉稳的老同志更能说服人。但年轻人有年轻人的优势，因为年轻，所以精力旺盛，做什么事情都充满干劲；因为年轻，所以不惧失败，哪怕是跌倒也会勇敢爬起来；因为年轻，所以充满热情，遇到挫折不轻言放弃。

蔡明毕业于某不知名的科技大学，计算机专业的他，鬼使神差地进了某全国500强企业工作。跟他一起入职的要么有研究生学历，要么毕业于知名大学。他这个时候才知道在学校学习的那点知识是多么少，多么派不上用场，深刻地体会到了书到用时方恨少。但他没有气馁，遇到不懂的地方，就及时向同事请教。虽然经常遭到同事鄙视的眼神，但他没有放弃。当别人下班时，他继续加班将没有弄懂的搞明白；当别人放假休息时，他报名参加单位的培训，提高业务水平。经过努力，他很顺利地通过了试用期的考核。当一切刚刚步入正轨时，交往多年的女朋友提出了分手，理由是像他这样的人给不了她更好的生活。他灰心过、悲伤过、消极过，但想到老家年迈的父母为了培养他所付出的一切努力，他重新振作了起来。这时，部门每年外派的任务下达。跟往年大家争得头破血流不同，今年无人问津。蔡明一打听才知道，往年都外派欧洲、美洲等这些发达地区，今年的任务是去非洲援建。年长的同事说上有老、下有小不方便去，年轻的说要维系男（女）朋友的感情不能去。其实有些人清楚，那地方既穷又偏，环境又不好，都想找个理由不去。他经过缜密的考虑，瞒着父母，踏上了非洲援建之旅。他本是抱着年轻无畏，出来闯闯的心态，恰逢德国援建非洲专家组在他工作的地方同时援建。知道这个消息的时候，他兴奋地几个晚上没有睡着觉。他充分发挥了年轻的三大优势：对待专家总是充满热情，遇到困难从不惧失败，每天保持精力旺盛的状态。经过三年的不懈努力，他成了当地小有名气的中国专家，为当地基站的建设贡献了力量。同时，他的努力和他在非洲取得的成绩，公司领导早有耳闻。为了测试他的能力，公司特意面向全体员工出了一道关于基站建设与网站的难题，他的方案经过专家组审定，被认为是最有效、最节约的。董事会决定破格提拔他为基站部的负责人，就这样，他来了次华丽的转身。

年轻的他，面对人生的困境，没有选择放弃，而是直面困难，相信年轻就是资本，相信年轻就是跌倒了，还有爬起来继续前行的时间。他的年轻及他的年轻观，成就了他。

每个人都是赤裸地来到这个世界，也将不带走世上任何的东西离开。年轻的你，应充满激情，眼神坚毅，最不应该害怕的就是失败，因为你本来就一无所有。为何不赶紧行动起来，让你的人生更加丰富多彩，让你的人生更有宽度和深度呢！

不要浪费大好的青春年华

在人短暂的一生中，青春是极为重要的一个阶段、一段历程，是一个人从无知、叛逆、迷茫到逐渐成熟的过渡期。在如此重要的人生节点，学校教育和家庭教育都无比重要。对于青春，有人倍感珍惜，有人肆意挥霍。珍惜的人，不断完善自我，走出精彩人生；浪费的人，只能虚度光阴，碌碌无为。

青春年华，树立德行。习总书记多次强调立德树人是教育的根本任务。社会主义核心价值观三个层面中的公民个人价值准则是爱国、敬业、诚信、友善。对于生于斯长于斯的祖国的热爱，是一个人最持久、最深沉的感情；每个人在社会中都扮演着相对固定的角色，有相对固定的岗位，这就要求每个人坚守好岗位，做好本职工作；诚信和友善是道德基础，个人诚信度的高低决定了社会诚信度的高低，只有做人诚信、待人友善，才能得到他人和社会的认可。有人说，我做好自己就行，作为社会的一份子，每个人只要做好自己份内事，不负青春年华，不断磨练意志，不断提高修养，都会成为有爱国心，有敬业精神，诚信守信、待人友善之人。这些品质，不应只停留在口头和书本上，应该成为必需品。只有将小我和大我统一起来、将个人梦想和中国梦紧密结合起来，个人价值的实现才有更大的意义。

青春年华，求取知识。俗话说，活到老学到老。在这信息大爆炸的年代，信息的更迭以数量级的方式进行。要想不被时代淘汰，就必须有每天学习的心态和习惯。每人每天接收到的信息五花八门，在这如此繁杂、混乱的庞大信息库中接收该接收的，吸收该吸收的，屏蔽该屏蔽的十分重要。专业知识的学习应该多跑教室、图书馆、实验室。那里有最专业的讲解、最前沿的研究成果、最直观的数据，那里是知识和创新的交汇点。课外知识的学习，应根据自己的兴趣爱好，选择性地获取，以达到拓宽知识面、完善知识结构的目的。青春年华，正是求取知识的大好时光。随着年龄的增长，家庭和事业的压力不断增大，学习的难度也会不断增加，因此只有在青春年少时，努力学习，给自己的知识库不断补充营养，才能为事业的成功奠定坚实的基础。

青春年华，强健体魄。身体是革命的本钱。重视养生以求长寿，在古汉语中称“厚生”。古人为了养生创作了五禽戏、导引养生功等。可见，我国人民自古就注重养生。青年人总认为自己还年轻，“吃鸡”“打怪”经常通宵达旦。经常听到某行业优秀青年人才英年早逝，只重工作而轻健康的事件时常在我们身边发生，这不仅是家庭的损失，更是国家的损失。随着社会的发展，人们对健康生活的追求日益增加，运动已成为人们生活中不可或缺的重要部分。青年人，应成为健康生活方式的普及者，用自己的实际行动，传播健康的知识，传递运动的快乐。

青春年华，身体力行。无论是立德，还是求知，或是强体，都需要我们将之付诸行动。青春年华，多彩芳华。在青春里我们应该争分夺秒地学习本领、探求知识、增广见闻，朝着自己既定的目标前行，用你的青春年华换取知识、能力、本领。鸟儿翱翔于广阔地天空，是因为它掌握了飞翔的本领；鱼儿畅游于无边的大海，是因为它掌握了遨游的技能。社会也是个大熔炉，只有掌握本领的人才能游刃有余地驾驭它。

青春对每个人来说都只有一次，当时间流逝，青春一去不返。梦想回到从前，绝无可能，那只是梦和想而已。现在唯一要做的就是：珍惜青春，在青春里埋头苦学、磨练意志、脚踏实地、行稳致远，不要浪费这大好的青春年华。

努力才能突破人生的障碍

铺设道路时，人们都想在起点和终点之间直线建设，这样既省时又省料。但我们行走的道路，很少笔直到底，因为地形、环境的限制让我们不得不根据实际情况施工。人生也是一样，不可能一路走来都平平坦坦、一帆风顺。人生就像心电图，有了上下波动，才意味着生命的存在，一条直线便意味着生命的终结。任何人在成长过程中总会遇到这样或那样的问题，当遇到障碍、挫折时，我们以什么样的心境去面对它们，是胆怯、退缩还是勇敢面对、直面困难后努力突破？两种方式会产生不一样的人生境遇，翻开不一样的人生篇章。

人生的障碍随时都有可能出现，障碍既有可能是阻碍你发展的拦路虎，也有可能是人生新的机遇，就看你用怎样的心态去面对它。一个人遇到的最大的困难其实并不是棘手的难题，而是你面对困难消极的态度，也就是你自己，很多时候人不是被困难吓倒的而是被自己击败的。面对同样的困难，自信的人总是能不断给自己打气，相信自己通过努力定能克服困难。信心不足的人，从刚开始就暗示自己不行，能力不足，肯定解决不了问题。所以，限制你发展的并不是困难，而是你的内心。一个人最大的敌人其实并不是其他，而是他自己。只有不断地突破自我，才能得到升华。

相信大家都有过爬山的经历，面对一座高耸入云的大山，要徒步攀登到顶峰是件极其困难的事情。开始时你犹豫、怀疑，甚至胆怯，但只要你下定决心，内心那个强大的自我便会跳出来。当你脚踏实地，一步步攀登，忍受了饥渴、肌肉的酸痛、疲劳，凭着自己强大的毅力登顶时，就会体会到，一切的付出都是值得的。你看到了别人没有看到的风景，那一览众山小的感觉和努力突破人生障碍的感觉是一样的。

太行山锡崖沟挂壁公路，现在是一道壮观、亮丽的风景线，每年吸引着全世界数以万计的游客到这里自驾体验挂壁公路的独特景象。然而，几十年前地处太行山腹地的锡崖沟并没有公路，一眼望去只有陡峭的悬崖和嶙峋的峭壁，生产资料的买卖、人员的进出极其困难。山里200多户居民与外界的联络只有弯曲、狭窄的山道，基本过着与世隔绝的生活，生病了也无法到山外就医，因此经常因治疗不及时而丧失生命。为了改变贫穷落后的现状，锡崖沟人团结一致，开始了漫长的修路征程。第一次失败了，第二次也失败了，第三次还是失败了，但锡崖沟人并没有放弃，他们用坚强的意志力、永不服输的精神、人定胜天的信念，再接再厉，终于在第四次成功了。他们用自己勤劳的双手，与大山顽强地斗争了30年，最终征服了它。那是锡崖沟几代人努力奋斗的结果，是顽强不屈取得胜利的真实案例。

朴实的中国人，用实际行动给我们展示了人对大自然的改造。告诉我们，困难并不可怕，可能它会使你失败一次、两次、三次，甚至更多次，但只要你坚持、努力，有永不不放弃的精神，就一定能克服重重困难。

波澜不惊的人生，平淡无奇，食之无味。人生的酸甜苦辣只有尝过的人才知道滋味。人的一生将遇到很多障碍，当遇到障碍时，通过努力去突破它，你将品尝到人生的酸甜苦辣。只有加了这些调味剂的人生才有层次感和丰富的内涵。

努力的人才配有野心

野心是什么？多数情况下人们认为是对权力、利益的过度渴望。野心勃勃、狼子野心这样的成语便是最好的诠释。经常作为贬义词出现的野心，其实它还是个褒义词。要想在自己的领域做到一定的高度、一定的水平，需要有野心。学者要想将学问做深、做精，要有成为学术大咖的野心；企业家要想将企业做强、做大，要有成为独角兽企业的野心；运动员要想运动水平更高、更强，要有成为冠军的野心。

野心就是目标，目标有多高，野心就有多大。野心是舞台，野心越大舞台就越宽广。野心给前进的道路指示了方向，使你在前行的途中不至于迷失；野心是向目标前行的动力，使你在向目标奋进时动力不竭。没有野心，无以成功。

不想当将军的士兵，不是好士兵，这是对野心最好的诠释。人生价值的高低，没有统一的标准，也不可能用同一个标准进行衡量。人生价值的实现与否，跟个人制定的人生目标有关，只要实现了，无论高低都具有意义。人生目标的制定异常简单，可以只用大脑想，可以拿笔记录下来，但要实现绝非易事，要经过长期的努力。吃得苦中苦，方为人上人。没有人能随随便便成功，为了实现目标努力奋斗是唯一的途径。同时，野心也要把握一定的度。野心太大甚至过度，到了自己无法完成的程度，就变成了自负、贪婪。野心太小，会导致不能充分挖掘自己的潜力，人生价值得不到充分的实现。所以，适度的野心才是大家需要的。努力加上适度的野心是成功的保证。

王单出生在苏北的农村，家中兄弟三人排行老三。因家境比较贫困，在他很小的时候，父母便带着两个哥哥外出打工且很少回老家。他一直和爷爷奶奶生活在一起，没有父母疼爱的他，从小便养成了比较独立的性格。高中毕业后，因家庭条件的限制，他在县城选择了很少有男生从事的幼教作为自己的职业。他是个有野心的人，从不甘于现状。只要学校有学习、深造的机会他都努力去争取。但因政策限制和人为原因，职称的评审无法通过。对教师来说，职称是对个人专业知识、能力高低衡量的重要标准。没有职称，便没有晋升的机会。通过几次努力后，他意识到在论资排辈的年代，等他能评上职称将是多年以后的事。这一扇门对他紧紧地关闭着，他的野心驱使他一定要打开另一扇窗，他开始悄悄地报名公务员考试。第一次失败了，第二次依旧失败了。但他没有放弃，根据前两次失败的教训，他开始有针对性地补齐自己的短板。根据公务员考试的题型、规律不断摸索，一遍遍做着题目，一篇篇写着申论，甚至报名参加了面试培训班。他屡战屡败，屡败屡战，但从未放弃。从笔试不过关，到笔试过关，再到面试失败，最终用了七年的时间如愿以偿。

七年的时光、七年的隐忍、七年的坚持、七年的等待，终得偿所愿。是他的野心指引着他，给他坚持的动力。遇到困难时的努力、坚持使他保持了野心，努力加上野心成就了他。

一个人，需要有一点野心，有野心并不是件坏事。野心是奋斗的动力，野心是快乐的源泉。有了野心的人生才不会千篇一律；有了野心才有了创造、创新；有了野心才有了科技的进步、社会的发展；有了野心才会让生活开出绮丽的花朵。请释放你的野心，并为之奋斗吧！

勇敢的人不惧怕失败

人的一生，都要经历成功与失败，只是每个人经历的多少不同。而这些成功与失败的经历，恐怕失败占据着绝大多数。很多时候为了一点点成功，我们要承受很多次失败，但每次失败都是累积，缩短了与成功之间的距离。当取得成功的那一刻，再多的付出也是值得的。人生就是在失败，成功，再失败，再成功的过程中循环往复。人们常说，结果不重要，重要的是过程。过程是什么？过程就是面对成功道路上一次次失败的无畏，那是经历、经验的积累，是由铁到钢的锻造。

高考落榜、经商失败、比赛失利，人生不如意十有八九。但面对失败，现实的选择题摆在你面前，是放弃还是勇敢面对，两种选择造就两种不同的人生境遇。当你化妆或者整理着装时要面对镜子，通过镜子直观地看到自己。其实失败也是一面镜子，它可以让你直观地看到你的缺点与不足。接下来你要做的就是改正你的缺点、补充你的不足。成功需要天时、地利、人和加上不懈的努力才能取得。没有人在遇到挑战时能保证成功，最后能取得成功的往往是勇敢的、不惧怕的人。智者千虑，必有一失。就算是智者，经过千思万虑也还会出差错，何况我们普通人呢？

当看到黄山的迎客松时，人们不禁发出感慨；感慨它的奇特，感慨它生命的顽强——在那贫瘠的石缝间居然能长成大树。当大风把它带到这里的时候，它别无选择，唯有深深扎根在石缝之间，汲取所能汲取的营养。它的美是坚韧的，是顽强的，对生的渴望造就了它，更造就了奇特的风景。其实，往往成功就包含在坚韧和顽强中。

李时珍为了改正古代本草书上的错误，整整用了27年的时间，不畏艰险，足迹遍及多个名山大川，拜访了无数人。他历经千辛万苦，有时为搞清楚草药的功能亲自品尝，多次差点丢掉性命，最终写成了《本草纲目》；爱迪生为发明电灯，寻找灯丝的最适材料，试验1500多次都没有成功。有人曾嘲笑他的一次次失败，他却笑着回答说："我发现了1500多种材料不适合做灯丝"；居里夫人在资金短缺、实验条件极其艰苦的条件下，克服重重困难，通过无数次的提炼，发现了放射性元素钋和镭，为化学事业的发展贡献了毕生的精力；被称为杂交水稻之父的袁隆平，也是通过不断地尝试、试验，经历无数次的失败，最终将杂交水稻研究成功，解决了亿万人的吃饭问题。

我们渴求成功，不想遭遇失败，甚至惧怕失败。但成功的道路上失败如影随形，有时甚至不可避免，失败不是放弃的理由。失败并不可怕，可怕的是胆怯、退缩。对成功来说，失败是良药、是良师益友，良药虽苦口但利于病，忠言虽逆耳但利于行。失败可以使你由幼稚变成熟、由懦弱变坚强、由浮躁变沉稳。人生道路曲折甚至坎坷，一路走来，请时不时地停下匆忙的脚步，回望过往。当回忆起失败时、坚持时、努力时、成功时的种种情形，你会惊奇地发现，只有经过失败洗礼获得的成功才更有价值、更有意义！

第02章

你要去相信，梦想可以改变人生

没有梦想的人，穷尽一生，终会浑浑噩噩，根本没有办法调整和面对自己的人生。而有梦想的人，在人生的道路上即使遭遇坎坷和挫折，也会不忘初心，砥砺前行。每个人在出生的时候都有着相似的起点，他们之所以会有迥然不同的命运，就是因为他们面对人生的磨难有着截然不同的态度。正如人们常说的，不忘初心，砥砺前行，任何时候我们都要怀揣着梦想，才能在实现梦想的道路上肩负起自己的责任和使命，也距离梦想越来越近，向着成功不断前行。

不拼命，你有什么资格谈未来

也许你还在梦想着成功，也许你正废寝忘食地与你的战友“吃鸡”，也许即使这样你也会觉得自己的未来充满着希望，殊不知这样的你注定碌碌无为，离成功越来越远。高中时，老师们经常教育我们现在努力一下，上了大学就轻松了，父母教育我们上了大学离好日子就不远了，殊不知需要我们努力奋斗才能得到的东西还有很多很多。

当你起早贪黑、吃苦流汗考上梦寐以求的大学时，发誓一定要初心不改、努力学习，实现自己的梦想，做个成功的人，光宗耀祖。但随着时间的推移，晚上沉迷于“吃鸡”、白天睡懒觉的你，已将誓言慢慢地淡忘。殊不知当你在甜蜜酣睡、愉快“吃鸡”时，比你优秀的人正在教室、图书馆、实验室进一步充实知识，提高能力。

闪光灯下的成功人士令你羡慕，曾几何时你也想成为那样优秀的人，然而现实是公平的，一分耕耘一分收获，你没有金刚钻就揽不了瓷器活，你只看到他们成功的样子，却不知道为了今天的成功他们付出了怎样的努力。当你在睡懒觉的时候，他们早已在教室刻苦学习；当你在和朋友逛街的时候，他们已在参与社会实践积累经验；当你在打游戏的时候，他们还在实验室一遍遍重复着实验，验证着数据。因为他们相信，没有人能随随便便成功。

曾经的你也一次次地憧憬着未来，想象着能从事喜欢的事业，拥有美满幸福的家庭，有一定的社会地位。你曾经一遍遍地梳理着五年、十年、二十年的职业生涯规划，一阶段一阶段定着小目标，但现实很残酷，当你肆意挥霍青春，看着周围小有成就的同学、同事的时候，你开始羡慕他们，总认为要是你想做，一定会比他们做得更好。慢慢地羡慕就变成了嫉妒，最后变得冷漠。如果此时能及时醒悟，你还将成为一个有上进心的人，如果还是自以为是，你将注定一事无成。

坚持一会儿很简单，但坚持一年、五年、十年是非常艰难的事情，成功必须通过长期的坚持才能实现。曾经的她是一个下岗职工，后经人介绍成了平安集团的业务推销员。在推销过程中，她受过别人的白眼、谩骂、轻视，但她没有放弃，从最底层的业务员做起，一步步地经过28年的努力，成了年入几百万元、众人羡慕且尊敬的王总。她也迷茫过，也无助过，但坚持使她成就了自己。在为大家送去平安的同时，她实现了人生的价值。如今的王总本可以拿着高薪安逸地过晚年生活，但她没有，还是全身心地投入到工作中。每到周末，大家都在休息的时候，她还在给新进的业务员培训，给她们授业、解惑。试问一位六十多岁的老人还在努力工作，年轻的你有什么资本、有什么资格选择安逸？

人生从不会一帆风顺，总会有波峰和波谷，当遇到挫折、感到无助的时候，请选择坚持。想想父母为了培养你所付出的心血，想想你憧憬的未来，困难只是暂时的，没有解决不了的难题，要相信阳光总在风雨后。即使独自在一望无际、茫茫无边的大海中航行，也不能退却，要有到达彼岸的信心，朝着自己坚信的方向努力划行，相信绿洲就在前方。

吃得苦中苦，方为人上人！加油吧，未来属于拼命的你！

知道自己想要怎样的人生

在我们身边经常会看到这样两种人：一种是能时刻知道自己要的是什么，不管别人怎么说，都能坚定方向，坚持目标不动摇，坚定做自己要做的事，从不轻易放弃；另一种是比较迷茫，不知道自己要的是什么，当别人提出异议或者非议时，不能坚持原来的目标，极易受到他人和环境的影响。是否知道自己想要怎样的人生，是一个人是否成熟的标志。成熟的人清楚地知道自己的能力、水平如何，能根据自身条件设定相匹配的人生目标，并为之努力奋斗。不成熟的人经常好高骛远，羡慕别人的成就，梦想自己有一天也能达到那样的高度，过高估计了自己的能力水平，有时也会低估自己，认为自己无论如何也达不到他人的成就高度。

有人会问，怎样才能知道自己想要怎样的人生？一是要用实际行动去做，去实践你的想法。去做，不只是想，没有行动的想象是空想，空想不能解决任何问题。只有去做了才能发现问题，才能发现是不是自己需要的。如果是需要的就坚定目标，如果不是也能及时调整自己的人生方向。二是不要逃避。即将毕业的大学生因学历、背景等原因在找工作遇到困难时，往往会选择考研进行逃避，把难题放到三年后再处理，但三年后研究生毕业时会遇到同样的难题，逃避并没有把问题解决，只是推迟时间而已。所以不能选择逃避，这是一种人生态度。三是不要迷茫。人生不可能一帆风顺，人生的道路上都有迷茫的时候。可以迷茫，但不可以放弃追求。当感觉陷入困境、迷茫时，可以放下身段请教前辈、有经验的人，可以静下心，好好思考，以获得前进的动力、信心。

当你抱怨环境太差、平台太低、梦想太遥远时，请问你的实际行动在哪里？当你的野心与你的能力不相匹配时，只有通过不断学习提高自己才有可能实现你的野心。抱怨和发牢骚不能解决任何问题，只会抱怨的人，当遇到困难时只会一味地找客观因素来为自己解脱，到处游说自己的不幸，以博得别人的同情，即使得到了别人的同情，但这对解决问题却毫无帮助；成熟的人遇到困难时，不会到处游说，只会重新评估困难，直面困难并想尽一切方法去解决问题。因为他们相信世上无难事，只怕有心人。

爱武酷爱文学，高中时就定下上大学时考中文系的目标，经过努力，他如愿以偿。一次偶然的机会，他开始指导一位外国朋友学习中文，发现许多外国人被中国博大精深的文化深深吸引，自愿来中国学习中文。他立志毕业后做一位中国文化的传播者，将它传播到世界的各个角落。对照自己的能力、水平和条件，他也曾迷茫过、不自信过，也有过放弃的想法。但他坚信不忘初心，方得始终。通过请教老师、学长，他坚定了信心。平时，爱武勤练英语，有空就去市民广场的英语角和留学生交流。为了提高英语水平，他还免费教外国小朋友学习中文。当同学们都忙于找工作时，他还是按照既定计划不慌不忙，因为他相信只要方向正确、目标明确，通过努力成功便水到渠成。当孔子学院招聘时，他毫不犹豫地报了名。通过笔试、面试、试讲等环节，他顺利通过了考试，成了孔子学院外派教师的一员，实现了自己将中国文化传播到世界各地的愿望。

知道自己想要怎样的人生，就是目标明确、方向坚定。通过不停地做，遇事不逃避，迷茫时不放弃，集中精神，保持专注，通过不懈的努力，想要的人生状态才能变成现实。毋庸置疑，在实现人生理想的过程中我们会遇到很多困难，不要气馁，更不要放弃，而是要坚定不移，勇往直前，排除万难。

当你只剩下梦想

如今，有很多年轻人都总是怨声载道，遗憾自己没有出生在动乱的时代里，所以没有机会成为英雄，拯救全世界；遗憾自己没有得天独厚的才华，因此无法在诸多的竞争者之中脱颖而出。实际上，只要你心怀梦想，不懈努力，你就是全世界最富有的人。梦想具有神奇的力量，可以帮助年轻人创造生命的奇迹。如果年轻人没有梦想，那么即使拥有再多的财富，也是不可能真正得到梦想眷顾的。反之，如果年轻人有梦想，那么即使一无所有，也会非常富有。

梦想是人生之中源源不竭的永动力，始终为人提供无限的可能性。梦想也像是一颗种子，有着坚韧顽强的生命力，稍微有一些土壤，这粒种子就可以生根发芽，开花结果。有梦想的人生遍地花开，没有梦想的人生，就像是贫瘠的沙漠寸草不生，让人的心都因此而荒芜了。因此，我们一定要有梦想，也要以梦想为人生的指明灯，在梦想的指引下坚持不懈，砥砺前行。

作为一名小学老师，艾伦曾经让孩子们写下《我的梦想》。在艾伦的启迪下，每个孩子都写得非常认真，也充满了真情实感和对于未来的憧憬。然而，艾伦在批阅所有孩子的作文之后，对于其中一篇很不满意，这篇作文是朋克写的。朋克在作文里写道："我的梦想是拥有一个很大的农场，在农场里，既种满了各种果树，也拥有很多漂亮的房子，这样一来客人来到农场不但可以参观、玩耍，还可以采摘鲜美的果实。我一定会拥有这样的农场！"艾伦对朋克说："朋克，你这根本不是梦想，而是空想。你看看其他同学写的梦想，有的要当老师，有的要当医生，这些都是努力能够实现的，但是你的梦想距离现实太遥远。你的爸爸妈妈只是普通的农民，你也只是一个普通的孩子，如何能够成为农场主呢？而且，你说的农场，又能度假又能玩，还能采摘，根本没有这样的农场。"然而，朋克坚持这是他的梦想，即便老师以给差评为要求让朋克妥协，朋克也不愿意改变梦想。

若干年后，艾伦老师已经退休了，她一生之中教过很多的学生，晚年却很冷清。有一天，艾伦正在院子里锄草，突然有一辆加长林肯停在她的门前，她很惊讶地看着，这时车子里下来一个中年男人，艾伦看着这个人感到眼熟，没想到男人对着艾伦毕恭毕敬："艾伦老师，我是来接您去我的农场做客的。"艾伦一下子想起了那个小男孩——朋克。来到朋克的农场，艾伦感到非常震惊：朋克真的实现了他的梦想，这是一个硕大的农场，不但有漂亮的客房、游乐设施，还有很多蔬菜瓜果等供客人采摘。艾伦激动地看着朋克，朋克也激动地看着艾伦，最终他们拥抱在一起，为了这个伟大的梦想而骄傲。

当你非常贫穷，也没有家世和背景，甚至只剩下梦想，不要气馁，因为你是这个世界上最富有的人。只要不忘梦想，砥砺前行，总有一天你会为自己的梦想而骄傲和自豪。每一个年轻人，都应该有梦想，梦想不但是动力，也是人生的方向。

有些人总觉得自己还小，距离成功还非常遥远，殊不知，早一点确立梦想，才能对人生起到积极的指导作用。否则已经踏上人生的征程，却还没有树立目标和方向，就会在人生之中感到浑浑噩噩，最终不知所踪。对于每个人而言，最宝贵的都是生命，因为生命只有一次机会，不可重来。当然，梦想也不是生来就有的，每个人都要主动去思考自己的人生目标，确立自己的梦想，才能在成长的道路上不忘初心，砥砺前行。

梦想是人生的方向和目标

如果是人生是海洋，那么梦想就是岸边的灯塔，始终指引着人生前进的方向；如果说人生是在天空中翱翔的飞机，那么梦想就是塔台，遥控指挥人生到达最终的目的地……总而言之，梦想是人生的指引，也是人生的方向和目标。正是因为有了梦想的存在，我们才能有的放矢，目标明确，也才能勇往直前，无所畏惧。

现实生活中，很多年轻人都感到迷惘，不知道人生的道路应该何去何从。实际上，这样的迷惘状态就是因为没有目标的指引。我们都学过《南辕北辙》的故事，对于这篇课文一定印象深刻，那么就会知道即使有再精良的装备，付出再多的努力，如果坚持了错误的方向，那么就会导致事与愿违，甚至会使努力的结果变得非常糟糕。由此可见，要想获得成功，要想达成目标，就要首先确立目标和方向，然后再全力以赴奔向前方。梦想之于人生是至关重要的，可以让我们的一切努力得到希望的收获和期待的结果。

为了研究梦想对于人生的重要意义和影响力，耶鲁大学曾经有一位教授跟踪研究过一个班级的学生。在学生毕业之前，教授问学生们有没有梦想，大部分学生都感到非常迷惘，只有极少数几个学生确立了梦想，还有少部分学生提起梦想的时候犹豫不定。因此，教授要求那些有明确梦想的学生，把梦想写在纸上，记录下来。最终，那些自以为有明确梦想的学生中，在书写梦想的时候，只有更少的学生知道自己的确切梦想。

转眼之间，二十年光阴流逝，教授联系上这些学生，发现那少之又少明确知道梦想的学生，把人生经营得风生水起，事业做得非常成功。而那些对于梦想含糊其辞的人，充其量属于中产阶层，人生过得不好也不坏。至于那些完全没有梦想的人，则有很多都沦落在社会底层生活。最终，教授得出一个结论，即梦想指导成功。

这个具有科学意义的研究结果告诉我们，人生必须有梦想才能有目标，也只有目标明确才能获得伟大的成功。有人说，人生是一场目的地未知的旅程，实际上，人生不应该是不知所踪和随遇而安的，即使我们不知道人生何时会戛然而止，也应该知道自己在人生中想要走到哪一程，达到哪些短期目标、中期目标和长期目标。

很多年轻人都特别羡慕那些成功者，是因为他们看到了成功者头顶光环，也看到了成功者的光鲜亮丽。然而，成功从来不是一蹴而就的，更没有天上掉馅饼的好事情。每个人都要接受不如意的人生，也要超越人生的艰难坎坷，才能最终成就自我，创造人生的传奇。记住，年轻是奋斗的资本，而不是虚度年华的资本，每个人必须全力以赴做好自己该做的事情，才能奢求回报。

梦想是人生的模型

对于梦想，很多人都觉得不以为然，觉得梦想哪怕再远大，如果不能落实到实际行动上，就会变成不切实的空想，也会导致人生陷入被动和沮丧的状态之中，如同泄了气的皮球一样没有出路。的确如此。梦想再远大，也要靠着实际行动作为支撑，更是要从虚无缥缈的状态落实到实处，才能对于人生有意义。

实际上，梦想是人生的模型，就像人们常说的梦想照进现实一样，梦想是可以给人生塑性的。一个人拥有怎样的梦想，往往会拥有怎样的人生。因此，作为年轻人，要想避免浑浑噩噩度过一生，一定要更加注重树立梦想。否则，如果连想都不去想，又怎么可能真正地改变人生，拥有梦寐以求的理想生活呢?

很久以前，有三个农民工正在砌砖，有个记者来采访他们，问道："你们好，请问你们在做什么呢？"第一个农民工回答："我在卖苦力挣钱，养活自己，这个活儿累死人，永无出头之日。"第二个农民工回答："就是在砌砖啊，难道你看不出来吗？"第三个农民工回答："我在建造这个美丽的城市。"

若干年后，记者又找到这三个农民工，发现第一个农民工因为觉得建筑行业太累，转行当了餐馆服务员。第二个农民工呢，还在抱怨不休地砌砖。而第三个农民工，则已经通过勤奋努力地学习成为了一名建筑师，还自学了建筑设计课程，如今在一家大的房地产开发公司里工作呢！记者不由得感慨："是否有梦想的人生，真是天壤之别啊！"

没有梦想的人，不管做什么事情都非常被动，甚至还会怨声载道，这也就注定了他们无法驾驭和成就梦想。相比之下，有梦想的人则拥有强大的内心力量，他们一边做着辛苦的工作，一边非常努力地激发自己的力量，成就自己的梦想，最终彻底改变了人生。所以说，一个人有什么样子的梦想，就会有什么样子的人生，这是因为在梦想的指引下，他始终都在向着自己的理想人生努力进取，绝不懈怠。

梦想不但是人生的目标和方向，而且是人生的意义所在。当你选择树立一个梦想的时候，你就相当于在选择自己的人生，也为人生制定了模型。接下来，如果你在实现梦想的道路上能够不忘初心，始终砥砺前行，那么你一定会有意外惊喜的发现，也会得到命运慷慨的馈赠。

当然，梦想意味着很多的可能性，在实现梦想的道路上，每个人都有可能成功，更有可能失败。即使遭遇挫折和坎坷，也不要放弃梦想，因为很多时候成功就在拐弯处，你必须非常努力和坚持，才能熬过生命漫长艰难的时刻，从而守得云开见月明。当然，梦想的实现也不会是一蹴而就的，每个人要想实现梦想，就必须做好充分的心理准备，拥有打持久战的决心和毅力。正如人们常说的，机会总是为有准备的人准备的，对于梦想也是如此，只有时刻做好准备为梦想付出的人，才能最大限度实现梦想，也才能让自己的人生摆脱庸俗与平凡，走向辉煌与伟大。

第03章

找到自己的价值，让你的青春与众不同

心理学家经过研究发现，大多数人的天赋都相差无几，除了那些真正的天才之外，但普通人之间为何人生迥异呢？这是因为每个人对待人生的态度不同，也是因为每个人对自己人生的定位不同。要想拥有与众不同的人生，就要先把青春绽放出光彩来，这是每一个年轻人都应该牢记在心的。

勇于拼搏的人生无比拉风

每个年轻人都梦想着自己的人生无比拉风，然而，这样拉风的人生到底要怎样获得呢？拉风的人生从来不是躺在床上翘着二郎腿随便想一想就能得到的，而是要真刀真枪地去拼搏和努力，才有可能显出与别人的不同来。

遗憾的是，现在有很多年轻人不能准确定位自己，他们或者妄自菲薄，或者妄自尊大，总而言之，能够客观公正评价自己的年轻人很少，但是会空想的年轻人却很多。实际上，梦想再远大，如果不能变成现实，也是毫无意义的，最重要的在于，一定要非常努力，才能让梦想遍地生花。

作为中国互联网行业中一个至关重要的人物，丁磊在大学毕业之前人生都很顺利，甚至大学毕业后获得了一份人人羡慕的工作，那就是在电信局里上班。要知道电信局里的工作很清闲，收入稳定，福利还好，为此很多同学都羡慕丁磊。然而，丁磊并不喜欢这样按部就班、混吃等死的生活，因此留在电信局的两年里，丁磊常常觉得身心疲惫，对于工作也丝毫提不起兴致，更没有任何激情可言。思来想去，他下定决心辞掉电信局里人人羡慕的工作，炒了电信局的鱿鱼。后来，他背起行囊去了广州，一时之间，大城市里的车水马龙和繁华喧嚣的生活、快节奏的工作，让他感到无所适从。

到了广州很久之后，丁磊才找到一份工作。在最初工作的几年时间里，他沉静下来，一边挣钱养活自己，一边积累创业的经验，积累最初的第一桶金。最终，到了合适的时机，丁磊创办了网易公司，也终于得到更好的平台来把自己的很多想法都变成现实。那个时候，丁磊只有26岁，脑海中还没有当老板的意识，而只想靠着自己去管理好只有两三个人的公司。不过，敢于拼搏的丁磊抓住了好时机，所以才能蓬勃发展，在中国互联网行业创下了很多个第一的奇迹。

很多成功，都只源于成功者在不经意间产生的一个想法，也有很多空想由此而诞生。最重要的区别在于，产生想法的人是切实去做了，还是就此荒废了想法，将其变成了不折不扣的空想。如今说起丁磊的成功，很多人都觉得他是时势造就的英雄，实际上就和比尔盖茨能够成为世界首富的原因绝不是大学辍学一样，丁磊在成功背后也付出了艰苦的努力。

对于每一个人而言，成功都不是从天而降的馅饼，更不是免费得到的午餐。正如黎明前会有最深刻的黑暗一样，在成功之前，每个人也必须付出艰苦的努力，才能最大限度激发生命的能量，也才能全力以赴证明自己的实力。尤其在这个瞬息万变的时代里，我们更是要打起精神，瞪大眼睛，从而真正地抓住机会，成就自我。记住，拉风的人生不是生而就有的，而是要靠着每个人坚持不懈的努力，和熬过黑暗的勇气与毅力，才能真正得到的。

敢于冒险，才能抓住千载难逢的好机会

很多时候，人生是需要冒险的，这是因为只有敢于冒险的人，才能每时每刻做好准备，从而及时抓住出现在身边和手边的机会。正如人们常说的，机会总是给有准备的人准备的，越是那些好机会越是转瞬即逝，为此一定要敢于冒险，不要随随便便就犹豫不定、迟疑不决，也不要总是怀疑和否定自己。

人生，必须冒险。记住，冒险不是人生的奢侈品，也不是人生中可有可无的，而是人生的必备品，是每一个勇敢者的游戏。曾经，有人说，不努力，不奋斗，你要青春做什么？我们也要说，不冒险，不拼搏，你要青春做什么？前文说过，梦想照进人生，这是因为一个人如果连想都不敢想，根本不可能真正展开实际行动去改变命运。只有敢想的人，才能敢干，也只有敢干的人，才能不断地推动人生进步，从而拥有更加璀璨的未来。

看到这里，也许有朋友会说，有的时候即使努力拼搏了，

也未必会获得成功。的确，付出了未必有收获，努力拼搏了，未必能获得如愿以偿的成功。但是如果无所作为，难道成功会变成馅饼从天上掉下来吗？细心的朋友会发现，很多时候担忧的那些事情，也许并不会发生，这是因为在推动事情真正向前发展的时候，这些事情会出现转机，也会赢得生机，这也是我们要坚持冒险的原因。

在一家公司里，总经理对着新来的员工宣布了好几个规定，其中有一条规定十分特殊，而且总经理还特意强调了好几遍："不要进入公司一层走廊尽头的那个房间。"大家都不知道总经理为何要做出这个限制，去问老员工，老员工却说："历来如此！"因此，新员工也就沿袭传统。

在所有的新员工里，有个新人非常纳闷，百思不得其解。因此，他决定以身试法，一探究竟。才进入公司第一天的中午，也就是总经理给他们开完会之后，新人就趁着别人都不注意，悄悄溜到那个房间。打开房间落满灰尘的门，他走进去，看到空荡荡的房间里有一张桌子，桌子上有一个牌子，牌子上写着："拿起我，送给总经理。"年轻人忍不住打了个寒颤："总经理不让人进入这个房间，牌子上却写着要把牌子送给总经理，我到底要怎么做呢？会不会因此而失去工作呢？"然而，新人实在太好奇了，为此在思来想去之后，拿起牌子直奔总经理办公室。看着新人拿着牌子走进来，总经理高兴地说："知道么，我等你很久了！接下来，你就负责去开辟非洲市场吧！”

原来，这个禁令是一道考题，总经理用这个禁令来考察新人进入公司，能否勇于冒险。后来，新人去了非洲市场，果然把非洲市场做得非常好，而且赢得了总经理的认可和赏识。

很多时候，成功的门并非是彻底关闭的，而是虚掩着的。没有勇气的人，在路过成功大门的时候，顶多扭过头看一看，而富有勇气的人，即使知道成功的门很难打开，他们也会不甘心地走过去推一下试试，根据门关闭的程度再去想办法打开门。这样的不到黄河心不死，恰恰是获得成功必须具备的冒险勇气和顽强毅力。

曾经有人说，对于人生而言，最大的冒险是从来不冒险，的确，人生如同逆水行舟，如果每个人在生活之中一旦遇到小小的挫折和困难，就马上放弃努力，那么他们虽然避免了失败，可也彻底失去了成功的可能性。作为年轻人，不要总是羡慕他人的成功，更不要把他人看似突然之间获得的成功，归结于好运气。即使真的有运气存在，运气也只青睐那些坚持不懈、勇敢冒险的人，所以你的当务之急就是让自己获得勇气。

有勇气的人生，才能乘风破浪，披荆斩棘；有勇气的人生，才能越挫越勇，永不放弃。作为年轻人，你有勇气吗？你的人生之中充满了勇气吗？如果答案是肯定的，那么恭喜你，你一定会距离成功越来越近。如果答案是否定的，那么你就要打起精神来去寻找勇气，也要抓住各种契机来激发自己的斗志，磨炼自己的意志力，从而让自己的人生绽放出与众不同的神采！

拆掉思维的墙

在一家企业里，如果想要创新，就一定要培养员工的创新意识，因为只有员工敢于创新，勇于创新，这家企业才会具有创新的品质和特质。那么，每个人作为创新的个体，又要如何去做，才能发挥自己的创造力呢？正如一位名人曾经说过的，每个人最大的敌人就是自己。这是因为人常常会被自己的思维禁锢住，导致不知道如何做，才能突破自己的思维局限，也不知道如何做，才能让自己的人生绽放出光彩。

有形的墙是很好拆除的，无形的墙却很难拆除。为此，思维的墙总是在不知不觉间就禁锢着人们，导致人们不知道进行发散性思维，也不知道如何才能针对各种问题想出新的方法。正因为如此，人们才说创新是很难的。作为年轻人，对于创新有着很大的便利条件。很多年轻人常常抱怨自己缺乏经验，殊不知，正是因为没有经验，才可以进行创新。反而是那些经验丰富的老员工，常常会被思维和经验限制住。因而年轻人要做的就是正确面对自己，积极地评价自己，从而让自己有更好的成长和发展。有的时候，优势与劣势之间是相互转化的，最重要的在于心态要积极，才能把问题处理得更好。法国大名鼎鼎的生物学家贝尔纳就曾经说过，已经知道的东西是阻碍人们创新的最大拦路虎。

美国的一家商场因为地处繁华闹市，所以生意非常火爆，尤其是到了周日和节假日的时候，电梯里总是站满了上上下下的人，为此很多顾客都抱怨电梯不够用。为了给顾客更好的购物体验，老板决定加装电梯。然而，商场是不可能把电梯拆掉重建的，预留的电梯井里已经装满了电梯，如何加装电梯呢？负责这件事情的人们反复思考，最终提出方案在每一层上都打洞，增加电梯井。然而，这样大规模的施工必然导致商场关门，暂停营业，老板很担心在此期间顾客群体会分流到其他商场形成购物习惯，那么即使电梯装好，也会影响商场的营业，这可怎么办呢？

有一天，老板和专家们在商场里实地考察时也在交谈，有个清洁工正在一旁打扫卫生，看到老板和专家们讨论得很热烈，他也就停下脚步来倾听。听明白老板和专家讨论的问题后，清洁工忍不住插嘴说："在大楼里面打洞，肯定没有顾客愿意继续光顾。为何不在大楼外面加装电梯呢？！"清洁工一语惊醒梦中人，最终，专家们把在商场外部加装的电梯设计成透明的，这样一来，顾客在乘坐电梯的时候还可以观赏景色呢！果然，观光电梯建好之后，受到了大量顾客的欢迎和追捧。

这大概就是观光电梯的由来，谁能想到这个绝妙的想法居然是一个清洁工提出来的呢？为何那些专家都没有想出这么好的解决方案，而一个清洁工却能随口说出这样完美的方案呢？究其原因，是因为专家已经习惯于从专业的角度去思考和解决问题，而忽略了有的时候问题并没有那么复杂。清洁工因为本职工作是打扫卫生，所以他根本不存在思维的墙，也就可以让奇思妙想肆意生发，最终轻而易举就想出了好办法。

除了因为固有的经验限制和束缚之外，很多人之所以会被思维局限住，也是因为他们有强烈的畏难情绪。例如，很多年轻人在日常生活和工作中，一旦遇到有些难度的问题，马上就会否定自己，也认为自己根本不可能解决问题。而有些年轻人则有着迎难而上的勇气和不解决问题誓不罢休的毅力，他们坚持最大限度激发自己的潜能，也总是在自身力量不足的情况下积极地求助于他人。正因为如此，他们才能真正地调动起所有的力量去解决问题，也才能全力以赴成就成功的人生。

认清楚自己的人生，奔向属于自己的未来

每个人都是这个世界上独一无二的生命个体，有着自己的

思想和灵魂，也有着自己对于人生的喜好和追求。从这个意义上来说，每个人对于成功的定义和追求也是截然不同的。所以我们没有必要非要模仿他人的成功，而是要更加坚持自己的本心，活出属于自己的精彩，成就属于自己的人生。

从心理学的角度来说，人都是有从众心理的，很多人在生活和工作中，没有自己坚定不移的态度，而总是人云亦云，盲目跟风。不得不说，这样的做法是很可怕的，很容易迷失自己，也会导致自己一事无成。记住，每个人的天赋都是不同的，每个人都有自己的特长和优点，也有自己的劣势和不足。最重要的是要取长补短，扬长避短，这样才能激发自身的所有力量，缔造属于自己的人生。

一直以来，小叶都不知道自己适合做什么，为此她常常感到困惑。尤其是在高考中落榜，连个专科都没有考上之后，她非常沮丧。妈妈托人让小叶进入村子里的小学去教书，但是小叶显然不是当老师的料，明明肚子里有货，但就是说不出来，才当了几天的老师，小叶就被同学们赶下了讲台。

后来，小叶又当过会计、搬过砖，甚至还在村子里摆过小摊子，卖那些不值钱的小玩意。然而，小叶都不适合这些工作。直到有一天，小叶加入了一所聋哑学校，成为了一个无声世界里的老师。小叶觉得自己的心安静下来，每当看着那些聋哑孩子黑溜溜的眼睛，她觉得自己整个人都徜徉在清澈的世界里。小叶成为了一名聋哑学校的老师，而且后来还开办了属于自己的聋哑学校，为无数聋哑的孩子带来了福音。

有的时候，我们看到别人成功，总是心急如焚，不停地问自己："我也能获得成功吗？我也能获得成功吗？"然而，即便我们和别人一样去做，也不能获得和别人一样的成功，这是为什么呢？一则是因为我们和别人不同，二则是因为我们曾经经历和正在经历的一切和别人不同。要想真正地获得成功，我们首先要认清楚自己，知道自己到底想要怎样的人生，真正适合做什么，才能给予自己准确的定位，也才能让自己的人生有所收获，有所成就。

记住，别人的成功背后一定有你不知道的艰苦，作为旁观者，不要只看到别人的成功，也不要一味地羡慕别人的成功，唯有激励自己不断进取，也在遭遇挫折的时候真正地站起来，从失败中寻找经验，人生才能山重水复疑无路，柳暗花明又一村。

一个人的成功，从来不可套用在另一个人身上。作为年轻人，我们要对于自己有准确客观的认知和评价，也要坚持突破和超越自己，这样才能激发自己的潜能，迸发自己生命的力量。越是在遇到人生坎坷，前路茫然的时候，我们越是要振奋精神，始终保持清醒的头脑，知道人生的方向和目标在哪里。唯有如此，才能不忘初心，方得始终。记住，别人的成功是别人的，你的成功才是真正属于你的。任何时候，我们都要更加执着和坚定不移，才能在人生的道路上始终保持进步的姿态，从而活出真实出彩的自己。

你就是自己的救世主

现代社会中，有很多年轻人特别爱抱怨，他们总是觉得命运亏待自己，又觉得身边的人和事情都对不起自己。实际上，这样的想法完全是错误的。这是因为命运不曾亏待任何人，而每个人都是自己的救世主，也主宰着自己的命运。作为年轻人，就更要勇敢地把握生命，这样才能最大限度激发生命的斗志，也才能让人生绽放出不一样的光彩。

不要把幸福的希望寄托在别人的身上，很多时候，我们无法改变外界，就要顺应形势去改变自己，这样才能让自己更加积极主动地面对人生。实际上，每个人的天赋都相差无几，最重要的在于每个人面对人生的态度截然不同，尤其是面对挫折和打击的态度不同。对于自己，我们要相信自信的力量。当我们相信自己，就可以成为自己的救世主。自信的力量是非常强大的，一个人如果始终怀疑和质疑自己，那么他就会变得游移不定，根本无法真正迸发出生命的强大力量。

常言道，人生不如意十之八九，现实生活中，没有任何人的人生是顺遂如意、一帆风顺的。重要的在于，要在不够顺利的人生状态之中开辟出一条道路上，这样才能更加勇敢无畏，砥砺前行。还需要注意的是，人生从来没有太多的回头路可以走，只有把握住唯一的机会，不错过改变的奇迹，我们才能扼住命运的咽喉。古往今来，有很多伟大的人物都成为了自己命运的主宰，就是因为他们在面对挫折和打击的时候从不放弃，始终在与命运抗争。

出生的时候，海伦是一个非常健康可爱的婴儿。在父母的爱与照顾之中，她渐渐地成长，开始蹒跚学步。正是在这个时候，她患上了猩红热，导致身体受到极大的损害，不但听不到、看不到，也无法学会说话。一开始，年幼的海伦不知道自己与别人的不同，因而生活得很快乐。后来，她渐渐长大，才发现自己是一个残疾的孩子，为此她变得暴躁易怒，经常发脾气。父母意识到海伦需要读书学习，为此特意为海伦请来家庭教师。在家庭教师耐心的辅导下，海伦学会了认字、读书，世界再次对她敞开了大门。

海伦非常坚强，也很勤奋，她不但完成了大学学业，还成为了一名作家。她的《假如给我三天光明》，激励了世界上很多的残疾人，也为很多人的生命带去了光明。海伦还经常四处演讲，为那些残疾人、遭遇生活困境的人鼓舞信心，激发勇气。可以说，海伦的一生是非常有意义的。对于自己的人生，海伦也曾经感慨过，她认为如果没有因为猩红热而残疾，她很有可能并不会有这样的成就，而是成为一个普普通通的女性。的确，有的时候，生命的沉重打击反而会激发人生的力量，使人创造生命的奇迹。

如果不是自己拯救自己，没有人能够拯救海伦。古人也曾经说过，生于忧患，死于安乐，这就告诉我们人有的时候的确需要经受挫折的打击，才能更加振奋精神，激发生命的力量。相反，在过于安逸的环境中成长的人，也常常会缺乏斗志，甚至会因此而对自己的人生失去奋斗的力量和勇气。所以勇敢地接受命运的打击很重要，尤其是要以强者的姿态与命运抗衡，才能真正地战胜命运，扭转命运。

任何时候，我们都不能放弃，因为不放弃尚且还可以得到成功的可能性，拥有微小的希望，而一旦放弃就会导致彻底失去成功的可能性，人生也会因此而变得黯淡无光。记得有一句广告词说，你的能量，超乎你的想象。的确如此，每个人都有巨大的潜能，最重要的在于要对人生有信心，才能发挥潜能，改变和掌控命运。

第04章

人生最寂寞的事，莫过于对世界失去了好奇心

酒香不怕巷子深，是金子总会发光的，已经不适合如今的时代，也不适合现在的社会。现代社会熙熙攘攘，每个人都承受着巨大的生存和竞争压力，也都想通过自己的努力创造更大的价值，那么就要找准自己的位置，实现自己的人生，这样才能最大限度激发生命的能量，也才能青春飞扬，变得与众不同。

在人生的路上不断探索前行

现实生活中，有太多的年轻人浑浑噩噩，根本不知道自己想要怎样的人生，为此他们在人生的道路上非常迷惘，也常常失去信心。实际上，对于他们而言，最重要的不是努力拼搏，而是准确定位自己，从而才能确定人生的方向，也知道应该朝着哪里努力。知道自己想要怎样的人生，这很重要，有太多的人总是盲目地跟风，迷惘地面对现实，而忽略了问清楚自己的内心。实际上，最大的成功不是获得别人的成功，也不是成为别人的样子，而是笃定内心，坚定不移做好自己。

在《阿甘正传》里，阿甘曾经说过，每个人只需要一点点财富来维持生活，而更多的财富则被用作炫耀的资本。的确，这个世界物欲横流，尤其是社会的发展，更是让每个人都不得不面对欲望的沟壑，根本无法填满。实际上，这样的攀比和无止境的欲望，只会让人陷入绝望的深渊，尤其是在如今社会两极分化的情况下，贫富差距很大，如果不能准确定位自己，认清楚自己的位置，就会在人生之中迷惘。

记住，欲望是无底的深渊，每个人都必须面对欲望，调整好自己的心态，才能够更加积极主动地主宰和把控人生。否则就这样迷失在欲望中，而完全忘记了自己想要怎样的人生，无疑是莫大的悲哀。有太多的人因为内心迷惘，而对于人生感到非常被动和无奈。实际上，只有不断地激励自己，让自己变得更加积极和理性，才能最大限度发挥生命的能量，进入人生中崭新的天地。

在一次面试过程中，刘东过五关斩六将，得到了最终面试的机会。然而，在终极面试的六个人中，刘东虽然表现非常好，却没有得到被录用的机会，因为在他的竞争对手中，有个男孩是这个公司合作伙伴的亲戚。对于这样的结果，刘东愤愤不平，给好朋友打电话诉说内心的苦楚，没想到比他早两年毕业的好朋友对此颇不以为然："其实，这样的情况在职场中很常见，你不要盲目地和别人攀比，笃定地做好自己就行。如果这次竞聘失败，你就等到下次再参与，说不定还有更好的工作在等着你呢，这很重要。"

在好朋友的安抚下，刘东决定再接再厉，做好自己。他调整好心态，继续参加面试，继续重复过五关斩六将的过程，果然获得了很好的成长，也被一家世界五百强企业录取，有了一份人人羡慕的好工作。

知道自己想要什么，知道自己对于人生的规划和向往，对于每一个年轻人而言，这很重要。毕竟人生不会永远顺遂如意，而是常常面临着各种各样的困境。如果在遭遇小小的挫折和磨难之后，就完全忽略了自己的成长，就会导致在人生中变得非常被动。

命运从来不是公平的，有的人生来锦衣玉食，站在更高的人生起点上，而有的人生来就在贫寒的家庭里，很有可能会遭遇人生的困厄。在这种情况下，与其盲目地羡慕别人，或者徒劳地抱怨命运不公，不如最大限度激发自身的能量，让自己更加积极勇敢地奋发向上，执着前行。要知道，命运即使会偏袒某人，也一定是偏袒那些非常努力，不向命运屈服的人。为此作为年轻人，要把自己作为独立的生命个体去看待，而不要总是陷入与别人的攀比之中，导致人生无法快乐地继续下去。古人云，不患寡而患不均，其实，这是一种误导。在现实生活中，没有任何东西是可以保持平均的，既然如此，就只能通过努力来改变命运，主宰和掌控命运。年轻人，记住，你将会拥有怎样的人生，完全取决于你对人生的态度，也取决于你面对人生终究会保持怎样的姿态。

转过身，依然是美好的明天

拿破仑大帝曾经说过，只有想当将军的士兵，才真的是个好士兵。这说明每个人都应该给自己树立远大的志向，这样才能在面对人生的时候，保持着努力向上的姿态，争取把每件事情都做到最好。然而，人生不如意十之八九，有伟大的理想和志向固然重要，能否将其变成现实，却需要很多方面的因素综合作用。如果梦想落空，或者遭遇失败，又该怎么办呢？其实，真正的强者不是生活一帆风顺的人，而是那些即使遭遇生活的挫折和磨难，也依然能够勇敢向前，绝不畏惧的人。

坎坷和挫折是人生的常态，任何时候，我们都要学会转过身面对这个世界。当你转身，或者会柳暗花明，或者会看到自己不曾见识的美妙风景，这是非常重要的。有的时候，人生需要一条道走到黑，更多的时候，人生需要超越艰难的困境砥砺前行，才能拥有更为广阔的人生天地和美好的未来。

然而，有史以来，人们都非常推崇成为胜利者，才能拥有广阔的天地和美好的未来。例如，古代社会在各个国家的争斗之中，只有真正获胜的人才能称王称霸，而在各种比赛场上，只有获得第一的人才能得到世界的瞩目。在很多人的潜意识里，只有成为金字塔尖上那个出类拔萃者，才能算得上是成功，而所谓的第二名，与其他排名更靠后的人并没有本质上的区别。如果年轻人也怀着这样的思想，固然可以激发自身所有的力量勇往直前，但是也很容易陷入成长的误区，导致在成功的道路上无形中就会走很多弯路，也会遭遇很多的困境与挫折。任何时候，都没有人可以一蹴而就获得成功，天上也没有掉馅饼的好事情。只有端正心态，在遭遇失败的时候主动总结经验和教训，在人生面临困境的时候不离不弃继续砥砺前行，才能不断地进步，也持续地进取。正如人们常说的，失败是成功之母，失败是进步的阶梯，都只针对于能够从容面对失败，且积极地从失败中总结经验和教训的人。

细心的朋友们会发现，在现实生活中，有很多郁郁不得志的人。他们自以为有才华，对于外部世界总是牢骚满腹，充满抱怨，实际上这不是因为他们真的是出类拔萃的人才，而是因为他们没有准确认识自己，也没有给人生进行恰到好处的定位。有很多人总是对于人生有过高的奢望，或者觉得人生盲目，或者觉得未来不可期望。在这个世界上，天外有天，人外有人，并没有真正的天才。正如鲁迅先生所说的："这个世界上哪里有天才，我只是把别人喝咖啡的时间用来写作而已。"不得不说，真正的天才都是努力得来的，而一个怨声载道的人，只是抱怨声比平常人更多而已。对于成功，怀才不遇者也往往有着过高的期望，他们自己不想努力去争取成功，而是希望成功从天而降。

作为年轻人，从现在开始就要停止抱怨，才能以更加积极主动的态度面对人生，也才能在人生成长的过程中不断地激励自己，突破和超越自己，挑战和成就自己。对于任何事情，如果不去做，怎么可能知道结果如何呢？所以最重要的在于马上提升自身的力量，切实地、脚踏实地地去做，这才是最重要的。

心若改变，世界也随之改变

在每个人的人生之中，坎坷与挫折都是基调，而不是奢侈的装饰品。为此，不要抱怨生活太艰难，而是要认识到世界的瞬息万变，让每个人都必须改变，积极应对，才能在生命历程中占据主动，也才能全力以赴过好人生中的每一天。很多时候，好的机会总是转瞬即逝的，当你始终沉浸在抱怨和满腹牢骚之中，你就会错过最美好的人生境遇和成长。记住，世界上从未有一蹴而就的成功，也没有天上掉馅饼的好事情。

有人说人生是一场未知的旅程，有人说人生是一曲乐章。如果说人生是旅程，那么美就在你的眼中和心里；如果说人生是乐章，那么顺遂与挫折就是乐章上跳动着的音符。对于每个人而言，必须更加坚持不懈地努力，才能演奏出一曲华美的乐章。

如今，有太多的年轻人对于生活和命运感到不满意，他们或者觉得命运不公，没有给他们提供更好的生存条件，或者觉得命运残酷，总是严厉地打击和折磨他们。而实际上，如果没有苦就无所谓甜，如果没有丑就无所谓美。正如一位名人所说的，这个世界上并不缺少美，缺少的只是发现美的眼睛。我们也要说，这个世界上并不缺少诸如机遇、幸运等各种美好的东西，缺少的只是能够看到这些美好的心灵。佛祖说，一个人心里有什么，就会看到什么。在西方国家，伟大的心理学家经过研究也得以证实，每个人通过努力学习所得到的知识只有一小部分，而当他们通过加工、内化这些知识所呈现出来的，却有很多内容都是他们的思想与见识。由此可见，每个人就像是一面镜子，但是因为自身实力的不同，所以有的人是一面假的镜子，根本不能进行折射；有的人是一面铜镜子，只能折射出事物大概的轮廓；有的人是一面真正的镜子，可以最大限度还原事物本来的面貌；有的人则是有着火眼金睛美誉的X光，可以透过现象看到事物的本质……每个人都是一面镜子，每一面镜子是否清澈都取决于自己的内心是否充实与通透。

面对人生的不如意，你是选择抱怨，还是选择坦然接受和勇敢面对，对于你的人生将会有很重要的影响力和作用力。如果能够坦然接受，你就可以更加积极主动地面对未来，如果总是抱怨和逃避，那么你就连能够把握在手中的当下也失去了。记住，人生从来不如意，也可以说不如意就是人生的常态，那么如果不能改变外部的世界，我们唯一能做的就是改变自己，让自己更加勇敢无畏地努力向前。

在浩渺的宇宙之中，每个人都是非常渺小和脆弱的。在经历生活的磨难之中，我们常常会感到身心疲惫，内心也变得非常沉重。然而，这并不意味着一切都是糟糕的现实，也不意味着人生变得不可把控。真正的人生强者，是在饱尝人生的磨难和痛苦的经历之后，依然对于未来充满希望，满怀感恩。记住，生命从来不是一场独行，唯有不断地努力向前，让生命迸发出光彩来，才是最伟大的所为。大文豪莎士比亚曾经说过，聪明人不会因为已经发生的损失而喟叹，而是会积极地想方设法弥补损失，改变现状。在中国古代，也有伟大的诗人描述过，“黄河之水天上来，奔流到海不复还”。的确，对于每个人而言，生命中的昨天都已经成为不可改变的历史，而明天还远远地没有到来，只有今天对于每个人才是值得珍惜的，也是应该努力把握住的。记住，当你的心改变时，整个世界也都改变了。

只有自己，才能成全自己

在现实生活中，很多人面对人生的态度都非常被动。他们常常会把自己陷入糟糕的境遇中，把生存的希望和幸福寄托在别人身上。殊不知，对于每个人而言，只有自己才是命运的主宰者，也只有自己，才能成全自己。既然如此，你还在盲目地等待什么呢？你需要的是马上振奋精神，让自己变得意气风发、斗志昂扬，这样才能全力以赴做好自己该做的事情，也才能在成长的道路上努力奋发，绝不向任何挫折与磨难屈服。

在这个世界上，并不存在绝对的公平，如果说世间有什么东西是绝对公平的，那就是时间。然而，因为每个人对待时间的态度不同，珍惜时间的程度不同，所以最终当时间分配给每个人之后，在不同的人生之中也在扮演着不同的角色。有很多人一生之中忙碌奔波，因为没有计划和充分利用时间，因而始终都在被时间追赶着向前。而有的人能够成为时间的主人，提前谋划和充分利用时间，所以也就可以在时光的道路上不断地前进，最终获得更加充实精彩的人生。

大文豪鲁迅先生曾经说过，时间是组成生命的材料，浪费别人的时间等于谋财害命。那么浪费自己的时间就相当于在自杀。遗憾的是，有很多人都不知道时间的重要性，尤其是很多年轻人，总是自以为年轻，就肆意挥霍时光。不得不说，这样的纵情和肆意，常常会导致在时光的流逝中迷失自我，也根本不可能成功地主宰命运。

要想成全自己，除了要把握时间，珍惜时间之外，还要更加坚定不移地做好自己，安守本分。在如今这个浮躁和喧嚣的社会中，很多人为了追求欲望而不择手段，导致迷失自己，也有的人在有了小小的成就之后变得不可一世，总是把自己看得过于高大和了不起。其实，对于每个人来说，真正做到胜不骄败不馁，真正做到全力以赴面对人生的境遇，这才是最重要的。任何时候，都不要盲目地设定自己的人生，而是要问清楚自己的内心：我想要怎样的人生，我想成为怎样的自己。

很多人都追求金钱和权势，目的是改变人生，满足自己的欲望。实际上，香港首富李嘉诚曾经说过，他的生活和三四十年前并没有明显的变化。原来，拥有巨大财富的李嘉诚过着和以往一样简单朴素的生活，粗茶淡饭。在中国国学领域，季羡林是有名的“布衣教授”。这是因为季羡林从小家境贫苦，已经习惯了清苦的生活，尽管在国学领域造诣很高，成为殿堂级的人物，他也从未因此就改变自己对于生活的要求和标准，而是始终坚持朴实的生活，潜心研究学问。在有了更多的收入之后，他把结余下来的钱用于帮助父老乡亲建造卫生院和学校。不得不说，在现代社会，这样安守清贫、不为物质所动的人，越来越少。

中国有着悠久的历史和文化，还有着沿袭已久的传统。对于传统，我们当然要取其精华，去其糟粕，也要知道有些传统是需要摒弃的，而更多的传统则是需要传承下去的。然而，社会环境如此，很多人还是渐渐地忘记了要勤俭朴素。从某种意义上而言，物质上越是奢华的人，对于精神的需求越是得不到满足，这是因为人的时间和精力总是有限的，当对于物质的追求变得简单和明了，人们才能更多地关注精神世界，也才能更加回归本心。人们常说洗尽铅华，真正的铅华原来存在于人们的心里，只有内心安然笃定，才能成就自己！

努力奋斗，才能改变现状

在人生中奔忙的道路上，我们无形中就会忘记奋斗的意义，就会感到疲惫和无能为力，这是因为奋斗才是人生力量的源泉。在心理学上，有一个著名的实验。在实验中，研究者把一只青蛙放入沸腾的水里，青蛙马上从水里跳出来，这是顽强的求生意志在发生作用。然而，当研究者把青蛙放入冷水中，然后在冷水下架起小火慢慢加热的情况下，青蛙却始终水中自由地游来游去，根本没有意识到危机正在逼近。最终，等到青蛙终于意识到危险，想要从水中逃出来的时候，它已经失去了力量，根本无法跳出来。这样一来，青蛙只能在温水中死去，这就是心理学上大名鼎鼎的温水煮青蛙实验。实际上，人如果始终生活在过于安逸的环境中，也很容易把自己置身于危险境地，却丝毫不自知。对于每个人来说，一定要更加积极努力地去改变自己，才能有的放矢地面对人生的困境，也才能更加努力地超越自己，让自己获得更多的成功机会。尤其是在危机面前，最该做的不是逃避和放弃，而是振奋精神，勇敢地去面对。

当然，人的本能就是趋利避害，为此很多人都会本能地选择安逸，而不愿意折腾自己。所谓生命不息，折腾不止，大概只是针对那些真正的人生强者，或者只是针对那些不得不折腾的人而言。其实作为年轻人，与其被动地折腾，不如主动折腾，这样至少可以让自己掌握主动权。细心的人会发现，很多伟大的成功最初都源于一个不起眼的梦想，或者是一时兴起的愿望。这些梦想和愿望在最初的时候只是一个小小的种子，却承载着伟大的希望。当实现梦想的人足够坚持，哪怕遭遇困难也决不放弃，依然能够不忘初心砥砺前行，那么他们最终就会距离梦想越来越近。在自然界里，蝴蝶要想破茧而出，就必须经历漫长的努力，而当有人从外部把蚕茧打开，蝴蝶非但不能飞翔，反而会因此失去生命。对人类而言母亲孕育生命也同样如此，在经历十月怀胎的辛苦之后，胎儿要想奔向生门，同样需要非常辛苦努力，经过挤压，也历经磨难。任何新生的到来都需要饱尝艰辛，作为一个奋斗者，我们更是要鼓起信心和勇气，决不放弃。

年轻人正值人生之中风华正茂的好时刻，如果遇到小小的挫折和困难就放弃，也许避开了失败，却也彻底失去了成功的可能性。记住，要想成功，就必须努力付出和奋斗，而绝不要奢望成功可以一蹴而就，不劳而获。

小时候，妈妈就常常告诉艾薇，要学会经营家里的洗衣店。对此，艾薇总是不以为然，她很想尽情地玩耍，也想做自己想做的事情，而对洗衣机的经营丝毫不上心。高中毕业后，艾薇因为成绩不好，没有考上理想的大学，妈妈也没有过分指责艾薇，而是觉得艾薇借此机会接手洗衣店，也是不错的选择。为此，妈妈要求艾薇就像对待一份非常好的工作那样，每天都按时按点来到洗衣店里工作。但是，艾薇对此不以为然，常常故意迟到早退或者旷工。在这样的情况下，妈妈总是抱怨和指责艾薇，为此也与艾薇发生过好几次冲突。

有一天，艾薇告诉妈妈："妈妈，我要去学习服装设计，因为我很想当一名服装设计师。"妈妈对此不以为然，对艾薇说："现成的家族企业你不接手，却非要舍近求远，这是为什么呢？"艾薇一本正经告诉妈妈："因为我的梦想就是成为一名服装设计师！"妈妈拗不过艾薇，只好任由艾薇去做。后来，艾薇进入服装厂工作，边学习缝纫，边自学服装设计，几年之后，艾薇服装设计专业毕业，成为了服装厂里的正牌服装设计师。又过了几年，艾薇开了一家属于自己的成衣店，进行高端定制。当然，她也会顺便帮助妈妈宣传洗衣店的生意，成为了妈妈最佳的生意搭档和合作伙伴。

年轻人总是要有梦想的，如果艾薇当初接管了妈妈的洗衣店，那么现在就不可能拥有自己的高端定制成衣店。很多时候，尽管安逸的生活唾手可得，作为年轻人，我们却不能因为贪图安逸就放弃了自己的梦想。如今，有很多刚刚大学毕业的年轻人在找工作的时候，总是想找安逸稳定、旱涝保收且收入很高、福利很好的工作，而对于具有挑战性的行业和工作丝毫不感兴趣。不得不说，如果年轻的时候不努力奋斗，将来老了，没有力量去奋斗了，也许就会陷入被动的状态，导致人生面临很大的困境。

任何时候，都不要安于现状，人生的力量就在于奋斗和努力改变。不努力，不奋斗，你要青春做什么？每一个年轻人都要奋起，都要成为命运的主宰，都要全力以赴改变命运，这样才能最大限度激发生命的能量，也才能全力以赴奔向人生最美好的目标。

第05章 想做的事趁早去做，别让青春留遗憾

很多年轻人都以年轻为资本，总是说自己年轻无所畏惧，更不害怕光阴流逝。其实，这个世界上对于每个人而言真正公平的就是时间，时间从来不会偏袒和照顾任何人，不管是耄耋老人，还是黄口小儿，时间都一视同仁地对待。哪怕是年轻人，对于自己想做的事情也要趁早去做，这样才能避免给青春留下遗憾，也才能把事情做到前面，在人生的道路上不忘初心，砥砺前行。

人生经不起等待，需要你放手一搏

现实生活中，每个人都活得非常艰难和辛苦，尤其是在大城市里生活的年轻人，总是要非常努力去拼搏。有的时候，当你正在满天繁星下加班时，是否也曾有过一闪而过的冲动，想要背起行囊来一场说走就走的旅行，或者至少要关上电脑，去顶楼上感受夜风的清凉呢？人，总是会有突如其来的情绪，对于工作不能总是绷紧神经，对待娱乐和休闲也不能总是无限地延后。如何才能调整好人生的节奏，在人生的道路上放开手脚去努力拼搏呢？这是一个很艰难的事情，也是每个人都必须做好的事情，因为人生短暂，经不起等待，唯有抓紧时间去经营好人生，安排好时间，人生才能获得更加美好的状态。

古人云：明日复明日，明日何其多。其实在告诫人们要珍惜时间，才能把握住生命的脉搏，才能在生命的历程中见识到更多的风景，也最终打开人生的广阔境地。正如人们常说的，健康的生命是1，其他的一切都是0，所谓健康的生命，正是人生延续下去的保证。任何时候，只有健康才能让人生更多几分成长，也只有健康，才能让人生拥有更加美好的未来。

毋庸置疑，每个人都想获得充实精彩的人生，都想在人生之中收获幸福与快乐。但是这样的收获并非唾手可得，也并不是一蹴而就就能获得的。只有不断地成长，持续地努力，在生命的历程中争分夺秒，这一切才能真正变成现实。遗憾的是，很多年轻人年轻的时候不珍惜时间，等到渐渐老去，却又自以为老了，依然把理想置之不顾。其实，人生何时开始都不算晚。在美国，伊丽莎白在82岁高龄的时候，从哈佛大学毕业；摩西奶奶在七十多岁的时候拿起画笔开始绘画，成为世界知名画家；在日本，有一位老奶奶在七十多岁高龄攀登上富士山，创造了以最高龄爬富士山的奇迹……不得不说，这些伟大的老人都是时间的旅者，也是时间的主宰。他们有了梦想就去做，人生从来不会觉得太晚，也不会觉得太早。

美国的伊丽莎白高中毕业后就结婚了，而且在结婚之后，她生了四个孩子，养育了四个孩子。直到孩子们不需要她作为全职家庭主妇去照顾，她才进入美国哈佛大学，成为一名健康服务部门的普通职员。虽然不是哈佛大学的学生，但是每天穿梭在学习氛围浓郁的世界高等学府之中，伊丽莎白萌生出浓郁的求学兴趣。因为在哈佛大学上班，所以她有很多得天独厚的条件和机会去当旁听生。因此，她开始旁听各门课程，一边工作，一边汲取知识。在哈佛大学工作期间，伊丽莎白一直都在坚持这么做，但是她觉得自己的学习是零散的，为此没有勇气成为注册的学生。在伊丽莎白六十几岁的时候，身边就有同事、同学开始鼓励她成为注册的学生，这样将来才可以拿到毕业证。然而，伊丽莎白很犹豫，直到73岁的时候，她下定决心要拿到哈佛大学的毕业证。为此，她再次走入哈佛大学的课堂，并且为自己确定了拿下哈佛大学毕业证的时间，那就是83岁。

因为这个勇敢的决定，伊丽莎白在大多数人都已经开始安享晚年的年纪，成为了哈佛大学中最年迈的学生。凭着坚持不懈的努力和对梦想的执着追求，伊丽莎白最终在九年的时间里完成了哈佛大学的课程，先于孙女取得哈佛大学本科学历。在哈佛大学，头发花白的伊丽莎白不仅仅是一名普通的学生，而且成为了很多人争先学习和效仿的对象。

作为年轻人，看到伊丽莎白的事例，你有怎样的感想呢？一个老人到了古稀之年，居然去攻读哈佛大学，那么此时此刻忙着娱乐和休闲的你，是否会感到羞愧呢？对于每个人而言，人生只有一次机会，青春岁月更是不可重来的。如果你还年轻，那么就要抓住青春年华去努力；如果你已经老迈，那么也不要因为人生到了暮年而放弃梦想。要知道，人生何时开始都不算晚，最重要的是你必须从此时此刻开始就抓紧时间，努力奋进，全力以赴奔向成功的未来。

朋友们，如果你想去做一件事情，或者对于人生有规划，那么一定要当机立断去做。和总是处于停滞状态，拒绝切实去做相比，哪怕是因为冒进而展开行动，也比原地踏步更好的。人生如逆水行舟，不进则退，对于每个人而言都是同样的道理，所以一定要从现在开始就珍惜时间，才能最大限度把握生命的能量，获得更加璀璨夺目的成就。

迈出第一步，才是真正走向成功

一个人即使有再大的能力，如果不愿意切实去做，就会让这样的能力变得毫无意义；一个人如果有再大的梦想，如果不当机立断去执行，就会导致梦想变成空想，没有任何可以实现的可能。对于每个人而言，人生都是应该分秒必争的，如果因为拖延而耽搁了推进人生向前迈进，那么人生就会面临很多困窘，也会因为失去了宝贵的时间而陷入了被动的状态之中，甚至最终一事无成。

正如曾经有名人所说的，对于每个人而言，人生中最大的冒险就是从来不冒险。那么也可以说，人生中最可怕的事情就是无所作为，只有空想。当你产生各种璀璨的想法，一定要在想清楚之后第一时间就去做。唯有如此，才能真正迈出通往成功的第一步，也才能在成功的道路上切实推进，获得更好的成长和发展。

现实生活中，可以说每一个人都在渴望和憧憬着成功，但是真正能够获得成功的人却少之又少。归根结底，成功不会从天而降，而且在实现成功的过程中，有的人还没有开始就放弃了，有的人在距离成功还有五十步的时候放弃了，有的人则在成功即将到来的时刻死在黎明前的黑暗中。不得不说，不管因为什么原因导致与成功失之交臂，结果都是让人感慨唏嘘的。成功，需要当机立断的勇气，也需要奋不顾身的决绝。有的人只有梦想，只是具备了成功的前提条件，更需要奋不顾身的前进和努力，才能有所收获。很多年轻人之所以还没开始就选择放弃，是因为他们对于自己过于低估，也有可能因为思虑过于周全，而过分怀疑自己。从本质上来说，任何事情在没有正式开始之前，都是不可能有确定结果的，最重要的在于，要全力以赴奔向成功，即使遭遇失败，也可以从失败中汲取经验和教训，也可以踩着失败的阶梯努力前进。

作为日本电子行业中知名的跨国行业，索尼公司在专业领域内是不折不扣的行业龙头，也是行业倡导者和先驱者。这是为什么呢？原因就在于索尼公司很擅长创新，而且总是在行业领域内起到实实在在的领先作用。为此，其他企业常常是在索尼已经推陈出新之后，跟在索尼后面学习和效仿。

有一天，索尼总裁盛田昭夫听到员工抱怨手提式录音机听音乐的时候很不方便，因此灵机一动：为何不生产一种小型便携式收音机，可以随身带着呢？在后来的产品策划会议上，盛田昭夫提出了这个创意，却被大多数人所反对。然而，盛田昭夫坚持生产这种随身听，并且马上将其投入研发阶段，后来于1979年生产出世界上第一台随身听。

出乎所有人的预料，这种便携式随身听得到了很多人的喜爱，而且生产供不应求。为此，索尼公司继续加大力度研究随身听，并且制造出更多款式和型号的随身听。直到索尼公司因为随身听而赚得盆满钵满之后，才有其他公司也跟进生产随身听。这个时候，索尼已经占据了很大的市场份额。后来，索尼公司又开始生产制造耳机，作为随身听的配件，同样变成行业先驱。

不得不说，如今整个时代都处于瞬息万变的状态之中，随着网络的普及，信息的极速传递，很多好的想法如果不能当机立断付诸实施，就会错过最佳的兑现时机，从金点子变成了破铜烂铁。

现实生活中，有很多年轻人都会有无数的设想，但是他们重复的是晚上设想万千，但是醒来之后却又重新走老路的情况。这是人生的滞后，也是对于很多人的考验。记住，时代发展的速度越来越快，要想做到与时俱进，就要非常努力和进取。而一旦自身进步的速度比时代进步的速度慢，就会相对落后。要想努力进取，不断进步，就必须时刻坚持积极奋进的精神，也全力以赴实现人生的希望和设想。既然如此，就当机立断展开行动吧，永远也不要做思想上的巨人，行动上的矮子。当你把梦想与实实在在的执行力结合起来，就会拥有创造奇迹的力量。

你的未来不是梦

记得在一首歌里唱道："我的未来不是梦……"实际上，每个人的未来的确不是梦，不管是否真正地实现梦想，现实都会带着残酷的、无法抗拒的气息扑面而来，这是因为人生的推进是任何人都无法改变的，也可以说不管你愿意不愿意，现实就在那里，从来不曾远离。

每一个年轻人，一定都还记得青春年少时的梦想，但是对于如何把梦想变成现实，他们却总是感到迷惘。前文也曾经说过，梦想是人生的目标和方向，也是人生中不可或缺的原动力。有梦想的人，总是能够战胜人生中的各种坎坷挫折，不忘初心，砥砺前行。哪怕面对困境，也能勇敢地挑战自己，突破和成就自我。然而，没有梦想的人则很容易迷失在瞬息万变的社会之中。

时代在发展和变化，要想成为笃定的人，就要有着坚定不移的内心。古往今来，大多数有所成就的伟大人物，无疑不是能够燃烧梦想和激情的人。在秦国苛捐杂税、残暴统治的日子里，陈胜和吴广一起被押解去做工，最终成功地带领人们进行起义，也成为对抗秦国统治的重要力量。其实，陈胜早在做工的时候，就曾经告诉身边的人，自己有朝一日要过上怎样的生活。然而，身边的人都嘲笑陈胜，为此陈胜以“燕雀安知鸿鹄之志哉”作为对他人的回应。最终事实证明了陈胜不是平凡之辈，所以才能在人生的道路上获得伟大的成功。

梦想，从来不是“梦+想”。要想实现梦想，就必须付诸实际行动，这样才能最大限度激发自身的力量，也全力以赴奔向成功的未来。当然，有些人会担心自己失败，实际上这样的担心是多余的。因为任何事情都是既有成功，也有失败的，与其因为恐惧而导致自己束手束脚，不如真正地提升自己的力量，帮助自己从失败中汲取经验和教训，这样才能把失败作为阶梯，踩着失败不断前进。

如今，肯德基老爷爷的头像遍布世界各地，却很少有人知道肯德基老爷爷并非是年轻有为的，而是大器晚成的典型代表。肯德基爷爷小时候并没有接受系统的教育，而是上到半途就逃学四处流浪。他做过很多工作，但是始终都无法感到开心。后来，他选择参军，却觉得军旅生活同样枯燥乏味。后来，他开了一家铁匠铺，但是生意很惨淡，铁匠铺无法支撑起他的梦想。

后来，肯德基老爷爷和所有人一样开始了普通平凡的人生。在铁路公司工作，结婚，妻子也怀了孕。但是正在这个时候，他却失业了。妻子从他身上看不到希望，就变卖了所有的家产，带着钱回到了娘家。为此，肯德基爷爷变得身无分文。为了生计，他不得不重新开始。直到后来，他在一家公路旁开了一家餐馆，从门可罗雀，到生意兴隆，却又因为修建高速路导致餐馆关门。这个时候，肯德基爷爷生活很艰难，幸好他到了退休年龄，可以依靠微薄的退休金度日。然而，也就是在这个时候，他意识到人生不能这样度过，为此他开始推销炸鸡配方。他开着破旧的老爷车，走遍了美国的每一个角落，才最终把炸鸡配方推销出去。正是这样的努力，让他如今在世界上的各个地方微笑着迎接前来就餐的人，看着人们吃着香喷喷美味的炸鸡，他的内心一定是非常骄傲和自豪的。

一个人只要愿意努力，那么从何时开始都不算晚。最重要的是，即使非常辛苦，绝不放弃也，这样才能在人生成长的道路上获得更多的机会。否则，如果轻而易举就放弃，就否定自己，那么永远也不可能与成功结缘。

希望，并不是命运赐予我们的，而是我们努力争取才能得到的。面对此时此刻的人生，不管你是得意骄傲，还是失意落魄，都不能放弃。你要相信，命运不会亏待每一个努力的人，当你乘风破浪，扬帆起航，你就可以坚定地驶向成功的彼岸。

成功就是立即行动，片刻也不耽误

有多少人都在过着自己并不满意的生活，对于自己的未来感到困惑和迷惘，也常常会陷入被动的局面之中无法自拔。看着别人成功之后的光鲜亮丽，他们也常常会纳闷：为何命运这么不公，只让别人成功，却不给我成功的机会呢？实际上，不是命运不给他们成功的机会，而是他们因为拖延错过了机会。古人云，明日复明日，明日何其多，我生待明日，万事成蹉跎。由此可见，拖延真的是人生的大敌，常常使生命的光阴悄然流逝，也使得每个人的人生梦想干涸萎缩。

对于成功，每个人都有不同的定义，有人觉得成功就是突破困境，有人觉得成功就是超越自我，有人觉得成功就是守得云开见月明，有人觉得成功就是柳暗花明又一村。实际上，成功就是立即行动，因为即使梦想再远大，如果没有立即行动的果断力和魄力，每个人就会与成功渐行渐远。很多人都不理解立即行动的意思，从本质上来说，所谓立即行动就是一分一秒也不耽误，就这样去切实执行通往梦想的计划和规划，在遇到任何难题的时候也绝不随随便便畏缩。一寸光阴一寸金，寸金难买寸光阴，任何时候，当你在时光面前停下脚步，你就会变得非常被动，甚至会因此失去人生成功的契机。正如人们常说的，机会总是给有准备的人准备的，要想抓住机会，你就要让自己成为那个有准备的人，唯有如此，你才能在成功的道路上坚持不懈，最终奔向远大的目标。

从性别的角度而言，人可以分为男人和女人，除此之外，这个世界上没有第三种人。从成功的角度来划分，人也可以分成两种人，一种是主动的人，一种是被动的人。毫无疑问，成功更喜欢青睐前者，也常常会疏远后者。前者总是积极主动地做很多事情，而后者不管面对多么急迫的情况都会胆怯畏缩，拖延下去。为此，明智的人会最大限度激发自身的潜能，也会全力以赴主动地把每一件事情都做好。把事情做在前面，可以给自己留出足够的时间去弥补不足，也可以让自己在从容的斡旋中更好地面对未来。相反，那些总是把事情留到最后去做的人，常常因为时间局促而手忙脚乱，哪怕面对好机会，只怕也腾不出手来去抓住。因此年轻的朋友们，当想到一件事情，就当机立断去做吧，你会发现成功很青睐你，好运气也时常伴随你的左右。

现实生活中，我们经常听到有人说“假如当初……我要是……”。可惜啊，在商品极大丰富的今天，有很多东西都有人卖，却唯独后悔药没有人卖。所以年轻人不要悔不当初，因为与其悔不当初，还不如从现在开始就抓住机会，从而最大限度活好当下，也能够有的放矢地创造未来。在人生之中，因为一次迟疑而延误了机会的人无处不在。要知道，对于任何行动而言，拖延都是最大的敌人，成功者往往都是当机立断的，失败者却总是犹豫不决。与其成为一个空想家，不如成为一个实干家，这样才能切实把握命运，也才能最大限度主宰和掌控人生。

很多人都羡慕比尔盖茨，还有些人误以为比尔盖茨之所以能够成功，就是因为没有读大学。不得不说，这是犯了幸存者偏差的错误，因为对于比尔盖茨而言，他成功的原因绝不是从大学辍学，而是因为他能够把握住千载难逢的好机会，也能够最大限度发挥自身的潜能去改变和主宰命运。

所以朋友们，要想获得梦想中精彩的生活，就要从此刻开始真正地把握命运，你要知道人生从来没有排练的机会，人生的每一分每一秒都是不可重来的。宁愿受到失败的打击，也不要将来回想的时候空留悔恨，这正是人生中最应该采取的态度。

记住，成功者与失败者之间最大的区别，不在于天赋，也不在于家世背景，而在于能否当机立断展开行动！行动，行动，唯有行动，才能为你揭开梦想的面纱，也推动你朝着梦想一步又一步地走过去。

懒惰，是人生最大的敌人

面对人生，我们到底应该采取怎样的姿态呢？常言道，好吃不过饺子，舒服莫若倒着。一个人如果总是为了舒服而选择躺在柔软舒适的床上，那么他一定没有饺子吃，这是因为天上没有掉馅饼的好事，世界上也没有免费的午餐。因此，要想让自己的人生更加充满朝气和精力，要想在人生之中创造前所未有的辉煌成绩，就一定要动起来，变得勤奋，充满希望和力量，这样才能成为人生的主宰，也真正地掌控和改变命运。

人生，有很多敌人，诸如愚蠢、无知、懒惰等。其中，懒惰是人生的头号大敌，因为一个人如果很愚钝，那还可以以勤补拙，通过勤奋来弥补自己智力上的不足，从而笨鸟先飞。但是，一个人如果非常懒惰，哪怕他的智力水平很高，也最终会浪费了聪明才智，导致人生碌碌无为，非常平庸。

古往今来，每一个有所成就、获得成功青睐的人，无一不是非常努力、拼尽全力进步的人。他们对于人生，从来不会盲目，也不会困惑，而是看准目标就全力以赴勇往直前。相反，那些平庸者、失败者，则都是很会浪费时间的，他们甚至对于时间的悄然流逝无知无觉，最终迷失在生命的长河里。勤奋的人还有一个优点，就是他们做事情非常坚决，从来不会迟疑或者举棋不定。他们总是会努力向前，从容淡然，看准了目标就开始奔跑，认准了未来就决不放弃。

有人说懒惰是一种坏习惯，实际上懒惰更是一种糟糕的人生态度。在漫长的人生历程中，要想戒掉懒惰的坏习惯，就一定要努力让自己变得更加勤奋，执着。大文豪鲁迅先生说，“世界上哪里有天才，我只是把别人喝咖啡的时间用于写作而已”，伟大的科学家爱迪生也说，“天才是99%的勤奋+1%的天赋”。由此可见，我们所羡慕的成功都是勤奋的结果。

在19世纪的法国，有一个小男孩从小就特别喜欢写作。为此，他每天伏案疾书，不停地写啊写啊，遗憾的是，因为没有得到有效的指导，他的文学作品始终平淡无奇，无法吸引读者的注意。一个偶然的机会，男孩认识了当时大名鼎鼎的文学家福楼拜，为此男孩抓住机会，带着作品去请教福楼拜。他毕恭毕敬地问福楼拜：“老师，我真的很喜欢写作，也很用心地去读书，去创作，但是我的作品为何总是干巴巴的，就像没有血肉一样呢？”福楼拜不假思索地回答：“原因很简单的，只要功夫深，铁杵磨成针，你的功力还远远不够呢！”男孩对于老师的回答很惊讶，他原本以为自己已经非常努力了，却没想到自己还是有所欠缺。在老师的指点下，他决定以后每天都观察家门口街道上的情况，并且尽量详细生动地记录下来。

这个习惯，男孩才坚持了几天就无法坚持下去了，他又去请教福楼拜："老师，我的确按照您说的每天都站在家门口观察，但是我觉得每天的情形都差不多啊，除了第一天言之有物之外，我觉得此后的每一天都没什么好写的，因为都是前一天的重复。"福楼拜知道男孩还没有完全了解他的意思，因而说："怎么会言之无物呢？热闹繁华的街道上，每天的情形都截然不同。有的马车非常华丽，有好几匹高头大马拉着，有的马车特别简陋，甚至只有一匹马拉着，也没有棚子。而且，每一匹马在用力的时候，姿态也是不同的。有的马饿得饥肠辘辘，还要使劲拉扯，也有的马膘肥体壮，毛发红亮。此外，马鞍一样吗？主人一样吗？在不同的天气状况下，马匹的状态一样吗……"在福楼拜的提醒下，男孩这才意识到原来每天有很多的东西都可以写。从此之后，男孩非常认真地观察家门口街道上的情形，观察越来越细致入微，文笔也越来越生动流畅。一段时间之后，男孩带着自己记载下的文字去找福楼拜请教，福楼拜发现男孩已经有了很大的进步。但是，福楼拜要求男孩要看到别人不曾看到的很多事情，这是对男孩更高的要求。

男孩数十年如一日地牢记老师的教诲，坚持按照老师所说的去做。渐渐地，他的写作水平有了很大的提升，他也最终成为了一个观察犀利、文笔老练的作家。他，就是在文坛上赫赫有名的莫泊桑。

正是因为得到了福楼拜的指点，也知道如何细致入微地去观察和体验生活，莫泊桑才能成为成功的小说家。读过莫泊桑作品的朋友们都知道，莫泊桑的小说刻画入木三分，人物栩栩如生，而且对于现实的揭露和人性的描写，也都无人能及。这一切，都得益于莫泊桑的勤奋和坚持。

懒惰的人，或者放弃人生，或者荒废人生，最终得到的结果总是不够理想的，也会距离自己的梦想渐行渐远。作为年轻人，一定要养成勤奋的好习惯，彻底地戒除懒惰，这样才能更加积极地面对人生，也才能在成长过程中激发自身的所有潜能，从而积少成多，聚沙成塔，最终收获成功的人生。

第06章

孤独，也是一个人的狂欢

年轻人在成长的过程是否真的已经长大和成熟，与能否享受孤独，度过独自面对自己的时光，密切相关。每个人都孤独地来到这个世界上，也都孤独地离开世界，所以有人说人生是孤独的旅程，其实是很有道理的。真正成熟的人，能够享受繁华和喧嚣，也能够忍耐孤独和寂寞，他们甚至会爱上孤独，把孤独当成一个人忘情的狂欢。

人生是一场孤独的旅程

古今中外，大多数能够获得成功的人，都是耐得住寂寞的人。所谓高处不胜寒，他们常常曲高和寡，身边并没有人支持和鼓励他们，但是他们常常会坚持自己的想法，拼尽全力去做。最终，他们获得了成功，也获得了万众瞩目，却很少有人想到他们在成功之前经历的寂寞和坚持。

年轻人，也要学会享受孤独。人虽然是群居动物，总是需要生活在群体之中，但是同样要学会独处，因为人生之中并非总是喧嚣和热闹，也会出现不被人关注和理解的时刻，也常常因此而迷失自己的本心。能够在孤独中笃定和坚持自我的人，才是更加强大的。作为年轻人，固然要在成长的道路上快速奔跑，也要在人生奋斗的过程中不忘初心。例如今天就是双十一，很多人都在备战天猫、淘宝，提起网购，自然会想起马云。不得不说，马云之所以有今天的成就，是因为他曾经不惧孤独，不忘初心。

看过《少年派的奇幻旅行》的人，都知道导演李安。实际上，李安在成为知名导演之前，曾经有过六年默默无闻、洗手作羹汤的日子。因为没有机会拍戏，他只能在剧组里做一些琐碎的活儿，也因为不愿意做其他工作，李安在整整六年的时间里都依靠妻子挣钱养家。不得不说，对于一个顶天立地的爷们来说，这样的生活是煎熬。为此有一段时间李安萌生出了学习电脑技能，养家糊口的想法。幸运的是，李安有一个好妻子，在这个时刻，是妻子鼓励李安继续坚持梦想，不要放弃。

当然，这六年对于李安来说不是荒废的六年，他一直都在看各种影片，努力学习，也在不断地积累。正因为如此，在得到机会的时候，李安才能抓住机会，证明自己。设想一下，假如李安在沉默的六年光阴里完全放下专业，当家庭“煮夫”，或者向着残酷的现实妥协，去做其他的工作，那么在如今的奥斯卡讲台上，就少了一个才华横溢的导演。

孤独，是每个人行走于这个世界都要品尝的滋味。梁思成的妻子——大才女、著名的建筑学家林徽因曾经说过，“红尘陌上，独自行走，绿萝拂过衣襟，青云打湿诺言。山和水可以两两相望，日与月可以毫无瓜葛。那时候，只一个人的浮世清欢，一个人的绿水长流”。由此可见，作为民国才女的林徽因，实际上也是有忧愁和烦恼的，更有时不时泛上心头的寂寞和惆怅。每个人都是这个世界上孤独的旅行者，时而面对这个喧嚣的世界，时而又要面对内心深处的孤独。

当人生时时处处都充斥着人声，也被对于物质的欲望堵塞时，人就无法静下心来面对自己的内心，也常常会因此而迷失。尤其是对于年轻人而言，更要有面对和享受孤独的能力，才能让自己始终都保持着从容与笃定。真正的成长，既要在热闹繁华之中与他人学习，也要在寂寞孤独之中与自己的心进行对白。孤独的你，才是最真实的你，孤独的人生状态，才是最从容和理性的。

在平淡的日子里潜心修炼

人生不可能永远都是轰轰烈烈，大多数时候，人生是平淡无奇的，也需要每个人潜心修炼，才能真诚地面对自己的内心。然而，有的人能够耐得住繁华，却无法忍受寂寞。为此，在寂寥的日子里，他们总是会失去人生的动力，也常常会变得颓废沮丧。其实，平淡的日子，恰恰是潜心修炼的好时候，这样才能让自己不断地积累，持续地成长，也才能让人生绽放出异样的神采。

众所周知，沙漠里的环境是非常恶劣的，很多植物都无法在沙漠里生存下来。但是在地中海东岸的沙漠里，却有一种蒲公英能够很好地生存下来。这种蒲公英在沙漠干涸的日子里从不开花，它们穷尽一生，都在等待落雨，一旦有雨滴滴落，它们马上就会借助于雨水的滋润开花，甚至还会抢在沙漠还湿润的时候完成结果。人们都被蒲公英的生长速度震惊，也被它们一生的潜心努力而震惊。

人生之中，也有很多这样的时刻，就像是在干涸的沙漠中一样，非常地艰难。然而，对于人生的状态，我们一定要始终怀着信心，也怀着希望，这样才能潜下心来去等待。很多年轻人都抱怨自己从未得到过命运的青睐，也没有得到好机会，其实这样的抱怨完全没有必要。因为每个人的命运都把握在自己的手中，也只有时刻做好准备等待着，才能抓住好机会，创造与众不同的人生。让我们就像顽强的蒲公英一样，在平淡的日子里潜心修炼，等到机会到来的时候绚烂绽放，这岂不是很好吗？

松下幸之助是日本的经营之神，但是，在最初进入电器行业的时候，松下幸之助并没有那么顺利。一开始，松下幸之助因为家境贫困，衣着很朴素。为此，在面试的时候，负责人告诉他：“我们并不需要人，你过一个月再来看看吧！”原本，负责人只是在推辞松下幸之助，但是一个月之后，松下幸之助又如约而来。这一次，负责人对松下说：“我们觉得你的形象不太符合销售行业的标准。”松下看着自己的衣着，的确过于简单且不太体面，为此，他马上回到家里四处借钱，为自己购买了一套符合商场标准的服装，还理了一个精干的发型。这下子，负责人似乎没有什么理由继续搪塞松下，为此他对松下说：“我们需要精通电器知识的人。”就这样，松下离开，去学习了两个月的电器知识，再回来的时候，已然很精通电器知识。

就这样，松下幸之助终于一波三折地进入电器公司开始工作。经过潜心多年研究和销售电器，后来他才能成为电器行业的老前辈，也成为日本经营界神一样的存在。

如果松下因为第一次被拒绝，就不再回来，那么他的人生就会有翻天覆地的改变，甚至日本的经营界也会有很巨大的改变。对于松下而言，他非常坚持，而且在几次三番被负责人挑剔和苛责的时候，丝毫没有抱怨，而是非常努力地调整自己的状态，全力以赴做好自己该做的事情。正因为如此，他才能不忘初心，砥砺前行，最终在沉静下来的日子里迅速提升自己，让自己成为电器公司负责人再也无法拒绝的求职者。

人生之中，每个人都不会一帆风顺，任何时候，只有不断地调整自己的状态，成就自己的未来，才能最大限度改变人生的困境，也才能全力以赴做好自己该做的事情。记住，如果时光注定要沉静下来，那么我们就要改变时光，勇往直前也无所畏惧地前行，这样才能真正地成就自己。一个人，也许可以被打倒，却不能被打败。在成功的道路上，每个人唯有不忘初心，砥砺前行，才能全力以赴，在时光的绽放中享受人生的美好。

品味孤独，享受孤独

人生是一场孤独的旅程，没有人知道终点在哪里，也没有人知道未来在何方。这么想来，人生似乎是没有目标和方向的，为此常常有人迷失在孤独的人生旅程中。实际上，人生尽管孤独，也行程未定，但只要我们心中有着坚定不移的方向，只要我们对于未来有着坚定不移的信心和努力的方向，就可以勇敢地把握人生，也可以全力以赴奔赴人生中最美好的未来。

对于每个人而言，真正地成熟不是对于人生有了更加深刻的理解，也不是在人生未来的道路上获得多么伟大的、为人瞩目的成就，而是能够学会在孤独中与自己的内心对白，享受和品味孤独，也能够更加全力以赴活好最真实精彩的自己。唯有如此，我们才能在人生历程中更加坚定不移地向前，也才能真正地与自己对白，塑造人生更加美好的品味。

很多朋友误以为孤独是为赋新词强说愁。实际上，孤独从来不是独自面对人生的困境，而是真正地品味人生的精彩，也做好属于自己的事情。记住，人生从来不会平白无故获得成功，他人在成功背后一定经历了黎明前的黑暗，也经历了成功前的阵痛。任何时候，我们都要勇敢面对人生，也要全力以赴做好人生的功课。唯有如此，我们才能在成长的道路上不忘初心，砥砺前行，也才能在独处的过程中更加勇敢地问清楚自己的内心，拥有更加美好充实的人生和精彩的未来。

能够独处的人，不管在多么艰难的情况下，都能构建人生的避难所，都能坦然面对自己的内心。说起独处，我们总会情不自禁想起一句话——自古圣贤多寂寞。其实，独处与寂寞是截然不同的。寂寞与否，在于外界喧嚣与否，而是否能独处，在于是否能从容面对自己的内心。任何时候，都不要因为寂寞而感到无趣，只有能够独处的人，才能更加从容地面对自己的内心。从人际交往的角度来说，也只有善于独处的人，才能更加从容地面对自己的内心，淡然与自己相处，也与他人相处。由此也可以说，独处是一种能力，更是一种境界。记住，独处绝不是逃避，因为逃避的人往往会惶惑不安，而独处的人却能够从容应对自己的心境，完成自己的理想和梦想。

很久以前，有一位大师以富有智慧著称，为此有一个村子里的人决定邀请这位大师来演讲，从而聆听大师充满智慧的演讲。然而，大师第一次来到村子里进行演讲，问村民们："你们对于我要演讲的内容知道吗？"村民们喊道："知道，知道！"大师淡然一笑："既然知道，我就没有必要讲了。"说完，大师离开了村子。

村民们没有听到渴望的点拨，为此再次邀请大师来演讲。大师第二次来到村子里，又问村民们："你们对于我要演讲的内容，知道吗？"村民们喊道："不知道，不知道！"大师淡然一笑："既然你们什么都不知道，我也就没有必要讲了，因为你们根本听不懂。"村民们面面相觑，对于大师的葫芦里卖的是什么药，丈二和尚摸不着头脑。为此，村民们对于大师究竟会讲什么更加好奇，因而决定第三次把大师请来演讲。面对大师一如既往的提问，村民们这次变得更聪明，他们一半人回答知道，一半人回答不知道。为此，大师说："那就让知道的人把道理讲给不知道的人听吧，一对一讲解，根本没有我什么事情嘛！"就这样，这次演讲的结果依然是不了了之。村里人实在不甘心，决定又一次邀请大师来演讲。这一次，面对大师一如往常的询问，村民们全都陷入沉思之中，他们那么安静，鸦雀无声，就连一根针掉在地上都能清晰地听到。正是在这样的沉默中，大师缓缓开口："一个人只有在孤独的绝对寂静之中，才能聆听到内心深处充满智慧的声音。"大师一语惊醒梦中人，村民们这才知道真正的智慧原来来自自己心底的真诚与倾听。

任何时候，对于每个人而言，独处都是一种真正至高无上的境界，也是为人处世的智慧。懂得享受孤独的人，哪怕身处闹市也能真诚地面对自己的内心，倾听自己的声音，这对于他们而言是至关重要的，也是不容小觑的。独处，无需受到时间和空间的限制，随时随地都能进行，也可以真正全力以赴帮助我们面对人生的各种境遇。只要愿意，我们每天都可以预留出时间来与自己相处，也可以对于人情世事更加练达。

记住，孤独的状态不是被动的无奈，而是更加理性面对自己的选择和表现。善于独处的人内心总是丰富充实的，对于人生也会有更多主动选择与深刻感悟。任何时候，我们都要学会独处，也要在成长过程中更加丰富充实地面对自己，倾听灵魂的声音，从而才能认清楚自己，也丰富和充实自己的心灵，把身心调整到最佳状态。

不忘初心，真实是你最好的态度

面对生活，常常有些人会提出“不忘初心，砥砺前行”。的确，不管世界怎样快速地改变，我们都要坚持自己的初心，才能最大限度激励自己努力进取，也才能激发自身所有的力量全力以赴去做好各种各样的事情。唯有在这样的状态下，我们才能活出真实的自我，也才能真正全力以赴奔向人生终极的目标。

作为一个社会人，很多人都难免会受到外部环境的影响，也难免会犯从众的错误，人云亦云。实际上，这样的状态是非常糟糕的，因为对于每个人而言，真正的成功不是获得别人眼中的成功，也不是成为别人眼中的样子，而是活出独属于自己的精彩，展现最真实的自我状态，成为最真实的自己。

在这次恋爱的过程中，亚飞简直遍体鳞伤。原来，亚飞一直自诩为微胖界的女神，但是她却始终不知道如何才能更好地面对自己。当男朋友说女孩还是应该弱柳扶风的时候，亚飞就开始节食，真的把自己饿得低血糖，走路都要扶着墙，但是男朋友又说女孩应该健康，充满活力，有肉感。亚飞就迷惘了，不知道自己到底应该瘦呢，还是应该胖呢，也不知道自己每顿饭到底应该吃多少。

亚飞原本是从事销售工作的，男朋友说销售行业不适合女孩，因为要经常见到很多人，也常常需要与同事勾心斗角，一点儿都不清纯美丽。为此，亚飞就决定去考教师资格证，改行当老师。当亚飞好不容易辛辛苦苦地考取了教师资格证，也四处面试准备当老师的时候，男朋友却提出分手。亚飞彻底迷惘了：我已经改变了这么多，还要怎么改变呢？亚飞不想让这段感情就这样终止，为此她找到男朋友真诚沟通。但是，男朋友却以亚飞没有个性、没有自我为理由，拒绝了亚飞。

作为女孩，如果在爱情之中把自己低到尘埃里，为了所爱的人盲目地改变自己，甚至不再坚持做最真实的自己，那么她们一定会陷入可悲的状态，也会变得非常盲目和无知。要知道，一个人如果真的爱你，一定会爱你最本来的样子，而不会爱你改变后的样子。爱情之中相互磨合，融洽相处，是需要心甘情愿为对方做出改变，而不是在对方的要求下改变。此外，改变之后的自我，未必是你所喜欢的，也许你更需要的就是坚持自己的本来面目，直到遇到真心接纳和喜欢你的人为止。所谓不忘初心，方得始终，对于爱情也同样适用。任何时候，我们都要坚定不移做好自己，因为真实的自己才能走遍天下，也从容面对所有人。

当然，作为年轻人，不管是面对爱情，还是面对生活或者工作，都要坚持这样的态度，否则总是毫无原则地改变自己，就会像燕人学步、东施效颦那样，不但最终不会走路，也会导致失去自己本来的美好，反而得不偿失。任何时候，人生都是需要用心去经营的，对于他人的成功经验，我们只能参考而不能照搬，因为我们有独属于自己的精彩人生！

经历更多的人，才能活出自己的姿态

常言道，不经历无以成经验。现实生活中，有很多人都在抱怨命运不公，总是给予他们更多的坎坷挫折，也使得他们在面对各种艰难坎坷的时候常常有无奈且无力的感觉。不得不说，这样的成长对于每个人而言都是至关重要的，也会磨炼人的心智，让人在艰辛付出努力的时候不遗余力地奋勇向前。

有人说，新生命出生的时候如同一张白纸，的确，对于新生命而言，有很多的空白，而有些人却在活了一辈子之后，依然面临很多空白，这是因为他们不知道如何面对人生，也不知道怎样才能在成长的道路上从容应对命运的赐予。正因为如此，他们才会迷惘，才会手足无措，也才会在成长道路上失去方向，在人生道路上迷失。

对于人生，我们不能只会抱怨。因为抱怨非但不能解决问题，反而会导致很多事情变得更加糟糕。也只有不抱怨的人，才能更加坦然接受一切，怀着积极欣喜的心感恩生命。记住，任何时候，人生都没有重来的机会，更没有回头路可以走。只有不断地砥砺前行，艰难向前，才能更加积极地面对一切。有人说过，如果不能改变外界，那么就改变自己的心境，唯有如此才能积极地面对一切，也才能从容地活出独属于自己的精彩。的确如此，心若改变，世界也随之改变。当一个人尝尽人生百态，却依然能对人生保持着最初的热情和纯良的心性，那么这个人就可以勇往直前，无所畏惧。

有一个老人已经活了一百岁，跨越了整整一个世纪。她既在封建时代里生活过，也经历了战火纷飞的战争年代，还进入了新中国。有一天，一位记者来采访这位老人："老人家，活过了百年，您有什么话想说的吗？"老人淡然地说："其实没什么，人生就是要熬下去。"

一个简简单单的数字，就是百岁老人对于人生的理解和感悟。也许，老人自始至终正是凭着这样的态度，才能够更加从容地走过百年的人生。直到人生百年，老人依然是以这样淡然的态度面对人生，相信好心态也是老人长寿的秘诀之一。

如果你喜欢历史，也喜欢去那些历史气息浓郁的人文风景胜地旅游，那么你就会知道，在那些历史胜地，任何的古迹都带有浓重的沧桑感。而熟悉历史的你，也会在看到这些古迹的时候忍不住感怀悲伤。的确，这些古迹已经矗立在风雨之中千百年，而那些胸怀大志的古人，也曾经和你一样站在同一个地方，看着大江东去浪滔滔，心中有无限的悲伤与感慨。

生活，从来都是一面镜子，你对生活做出怎样的表情，生活也就对你做出怎样的表情。要想得到生活的善待，我们就要更加全力以赴面对生活，也始终对生活绽放笑容，这样才能最大限度激发生命的力量与潜能，也才能让人生精彩充实，绚烂绽放。

第07章

听多数人的意见，和少数人商量，自己做决定

人，当然不能固执，在举棋不定的时候，需要多多听从他人的意见，这样才能更好地面对自己，也才能在广征博引之后，从而有效做出理性的判断。但是，不管听从多少人的意见，最终的决定一定要独立去做。

不因别人的意见而轻易改变自己

人之所以称之为高级动物，是因为有着不同于其他动物的独立思想。不同于四脚朝天的低等动物，人类早早地开始直起腰板，学会取火，学会农耕，渐渐地发展到现如今。每一个人生存的意义，都是在于拥有一个个独立的想法。

你是这世间独一无二的存在，没有一模一样的生活轨迹，没有完全相同的生活经历，就算是长相相像的双胞胎，也同样具有不同的性格，这就是人与人之间的区别。所以，不要过分在意别人的建议，成功的案例只能用来借鉴，真正能做决定的只有自己，即使失败了，我们依然有收获。

敢于做第一人才是真正的勇者，因为敢于对未知进行探索，所以才能做出别人不敢做的事情，即使面对很多质疑声，也不会轻易因为别人的意见而改变自己。记住，只有坚定自己内心的想法，一路坚持自己的节奏，才有可能走出不一样的精彩人生。

山上有一只小猴子，从出生就没有下过山，常年的拘束让它看不到外面的大千世界，只知道从山顶望下去，满眼的绿意，生机盎然。有一天，小猴子成年了。猴妈妈说："从今天开始你就成年了，妈妈不再限制你的行为，你要很好地保护自己。你想下山看看那就去吧，看看山下的美好世界，但一定不要贪恋，要及时回来。"小猴子蹦蹦跳跳地下山了。

不一会，小猴子看见了一片桃林，红彤彤的桃子挂在绿叶中甚是吸引眼球。猴子喜欢桃子是天性，所以小猴子别提多高兴了，便摘了几个桃子放满了随身携带的小包，继续开心地往前走。不一会儿，小猴子碰见了一只小兔子，小猴子便打了一声招呼，跟小兔子交谈起来。小猴子说："上面有一片桃林，有世界上最好吃的东西，你赶紧去看看吧。"小兔子说："桃子有什么好吃的，下面有一片胡萝卜菜地，那才是世界上最好吃的东西。"于是，小猴子加快了脚步，不远处便看到了一片从未见过的菜地。他按照小兔子的方法，拔了很多萝卜，丢下桃子，把袋子里装满了胡萝卜，继续往前走。走了没多远，小猴子碰到了一个小熊，小熊说："胡萝卜不是最好吃的东西，前面有一大片玉米地，现在正是成熟的季节，那才是世界上最好吃的东西。"小猴子加快了脚步，找到了那片秸秆很高的玉米地，又兴奋地把胡萝卜扔了一地，把玉米装满了整个袋子。继续往前走的小猴子又看到了农夫，农夫说："玉米不是最好吃的东西，我地里的西瓜才是世界上最好吃的东西。"小猴子看见西瓜又心血来潮，对农夫说："我可以用全世界最好吃的玉米换你的西瓜吗？”农夫欣然接受。于是小猴子把大西瓜装到了袋子里。由于西瓜太大，走了一段距离之后，小猴子的袋子破了，西瓜掉在地上，瞬间碎裂，最终，小猴子的袋子空空如也，什么也没拿到。

小猴子一直在别人的意见中左摇右摆，不能做出自己的决定，看见一个新奇的东西就抛弃自己已经拥有的，最终，它什么都没有得到。所以，别人的三言两语不能成为你的衡量标准，你必须要找到自己最需要的东西，最适合自己的才是全世界最好的。

人生机遇全在自己手中，只有抓住最好的时机，最终才能成就完美的自己。别人嘴里的经验永远只是一个参考，自己去做决定，才是最不会后悔的人生经历。

拥有坚决果断的个性，才能掌控人生

还记得上学的时候，每次考试都会有这样的感觉：当你对一道选择题拿捏不定时，选择了一个答案，内心总是存有疑惑，再思考一番，感觉另一个答案是对的，再经过思考，好像另一个答案又是正确的。等到考试成绩出来之后，又会懊恼万分，发现选出的第一感觉是正确的，后悔当时的迟疑不决。

现实生活中，有很多人都自称是一个选择恐惧症患者。的确，在21世纪这个大数据时代，随便打开一个游览器，随便输入一个词语，信息便会爆炸般地朝你涌来，良莠不齐，连数据的真实性都分辨不出。尤其当信息量足够大的时候，便会更加迷惑人的思路，使人走入无边无际的心理考量之中，浪费了大量的时间成本。也许，机遇在这个时间段便已经默默地溜走，而你，甚至都没有察觉。

那些行事雷厉风行、做选择坚决果断的人，通常会被我们在主观意识上归为强人的行列，而这一部分人都会在事业上小有成就。他们都有一个共同点，那就是很坚决果断。从心理学角度来说，性格决定人生的轨迹，遇事沉着冷静，面对选择坚决果敢，自己的决定自己掌控，才能更好地掌控生活，掌控自己的一切。

小艾是一个特别谨慎的姑娘，做事情永远一股子唯唯诺诺的劲儿，每次去买东西，除去一开始挑来挑去，对于已经选定的物品也会在内心进行新一轮的挣扎，让人看着着实难受，而这一点也正是领导对她不耐烦的地方。虽然她做的只是行政方面的工作，但是很多地方还是需要独立做选择，比如说员工的入职周年礼物的选择，户外活动地点的选择等。

有一次，她的领导实在忍耐不下去了，把她喊到一个会议室，沉静地说："我们每天事情都很忙，时间成本都很高，像这么一些小的决定，你自己还拿不了主意吗？你心里到底在想些什么呢？”小艾说：“每当我做一个决定的时候，就会对每个选择做出一个设想的后果，想着想着就无从下手，总觉得每个结局都不理想，想到这里就会很难受，就做不了选择了。”领导说：“你也是一个成年人了，自己做出的所有选择都要自己负责，但是，你不能因为害怕负责任就主动放弃选择，找别人做决定就是一个推卸责任的行为。你不敢自己做出决定，当别人帮你做出选择，一旦出现错误，你就可以在心理上把责任推给他人，这本身就是一个不负责任的行为。况且，总活在别人给自己做出的选择中，怎么能算得上自己的人生呢？除此之外，就算是出现失误又能怎么样，谁不是在磕磕绊绊中成长起来的呢？又有哪一个伟人能够在一生之中都没做出错误的决定呢？做得不好就总结经验，下次避免失误不就好了吗？”

有时候，人的想法就是在一瞬间的提点之中转变，从此，小艾在做选择的时候，主动分析事情的利弊，坚决果断地做出每一个选择，不仅事业上如此，生活上也如此，虽然会出现失误，但她却在慢慢成长。两年之后，由于领导的赏识，小艾做到了经理的职位，事业上小有成就。

我们中的很多人在面对抉择的时候，往往会在心里衡量，企图选出最简单的那条路，殊不知，当你有这种想法的时候，你已经走在人生的弯道上了。养成坚决果断的性格，首先应该要做的就是放下心中最平坦的路，拒绝别人给你做出的选择。人生的路要自己走，即使会跌倒，会流血，但这何尝又不是一种人生阅历呢？身上的伤疤越多，结痂就会越厚，当遇到下一次坎坷与挫折，才会更加坚硬。

优柔寡断会在不知不觉中磨灭我们的心智，在迷乱的状态下，人都会选择最舒适的路，这样无疑给了我们一个错误的导向。不要过于苛求完美，用自己的经验和理性思维做出心中的决断。俗话说：时不可失，失不再来。坚定地抓住机遇，不然，你会为自己的选择抱憾终生。

不要盲从

你应该会有这样一种感觉，当别人推荐一首歌，你第一次听到会觉得很好听，心里会发自内心地喜欢，而当你第二次听到另一个人演唱，不管他是不是原唱，总觉得没有第一次听到的那个版本好听,这就是主观感受上的第一印象。而当你还没有见到过一个人，你就听到了别人对他的评论，而且是负面评论，你可能会在心里默默地对这个人产生一种不好的初印象，因此当初次见面时，你就会在心里对这个人抱有异样的眼光。也许时间长了你会发现他的魅力并对他改观，但是别人的意见也确实影响了你的想法。

现实生活中，我们总容易因为别人的说法恍惚了自己的心神，我们参考着别人给的意见，思考着别人的思路，总也跳不出这个被圈禁着的墙，面对着需要做出的选择，却总觉得不是自己的意愿。当需要给别人提出建议的时候，请不要盲目地跟随别人的想法，提出有建设性的意见才能区分出你与其他人的不同。

魏征和唐太宗的故事，我想总能给世人带来很多启示。魏徵，唐初政治家，也是由于唐太宗慧眼识珠，发现曾为敌人效力的魏征性情豪爽，胆识过人，便赐其官职，留为己用，并经常引入内廷，询问政事得失。而魏征对于唐太宗的赏识，深表感激，从此，竭诚辅佐，知无不言，言无不尽。有一次，在朝堂之上，魏征跟唐太宗因为观点不一致发生了激烈的争吵，而此前，魏征的种种谏言已经惹得唐太宗心里略有不爽，便想在朝堂发作，可是众臣在侧，若是此时表示对魏征的不满，难免会损失了自己平日里维持的善听谏言的好名声。因此，下了朝堂，唐太宗便对长孙皇后说："早晚有一天，我会把魏征给杀掉，他总是当着众臣的面与我争论，侮辱我，我真的受够他了。"听到这里，长孙皇后便回到内殿换了一身朝服，郑重地跪在唐太宗面前说："听说英明的皇帝才会有正直的臣子时时刻刻在旁提醒，现在，陛下有魏征这样如此正直的人，不正说明了陛下的英明？我当然要恭喜陛下。”皇后这样一段话像一盆冰冷的水浇灭了唐太宗心里的怒火，他从此对魏征更加敬重。

魏征死了之后，唐太宗心里特别难过，他说：“魏征像是我的一面镜子，总是映射出我的待改进之处，他死后，我便少了一面好镜子。”

魏征正是因为正直得到了唐太宗的赏识，积极谏言，大胆发表自己的观点，也为唐太宗在世时的贞观之治添砖加瓦。而我们也应该时刻保持自己的本心，面对众多观点，理性地表达自己独有的观点。

在工作中，我们更应该积极地守护好自己的领地，当领导让我们提出意见时，我们可以大胆地发挥自我，做出独一无二有创意的策划案；当领导的决策稍有失误时，不做推倒墙的众人，不盲目地人云亦云，做个反方向的人，反而会收获更多。

有主见，避开从众的陷阱

世上有数以亿计的人，也有数以亿计的不同的人生，而每个人也都应该在人生中的很多起点听从内心的选择，选择独一无二的路。重复别人看得到的结果，已然没有任何意义，所以，勇敢地做自己，选择自己的方向，才能在未知中找到更大的人生乐趣。

现代社会是一个快节奏的网络社会，大量良莠不齐的信息扑面而来，如果你想要在网络上得到一些有用的信息，便需要花费很多的时间成本和精力去做一些较深层次的搜索，尚且不说能否保证信息的质量，光是数量就令人很是头大。而在强大的从众心理影响下，每个人很容易就主动信服所谓的潮流，从而失去自己的眼光。

每年的换季，大家都会听到很多诸如今年流行的款式、流行的颜色之类的讯息。当然，爱美的女孩子衣柜里总是少了那么一件让自己满意的衣服，然后在挑选的时候便会有心理上的主动偏好。其实流不流行都无所谓，最重要的是适不适合自己。人生的选择也是这样，你有为高中文理分科的时候没有遵从自己的内心而纠结过吗？你有高考填志愿的时候动摇过吗？你有考虑过所谓的热门专业吗？

大梦在大学选专业的时候，是父母给做出的选择，父母觉得女孩子做一份文静一点的工作好，再加上财经类专业是如今社会的主流热门专业，而且，不管是哪类行业，什么样的公司肯定都会设立财务岗位，因此，它也算是一个需求量比较大的专业。大梦自己也觉得挺有道理的，就选择了会计专业。毕业之后，大梦很顺利地进入了一家公司，成为财务部的一名小职员。半年之后，整天对着数字的大梦有点疲劳，很想换一份工作。此时此刻，正好是淘宝的兴盛时期，大梦就萌生了做淘宝店的想法，也开始着手准备。

三个月之后，大梦又心生退意。做淘宝店要从刷单做起，店铺美工、客服、进货、发货以及各种琐碎的事情都要面面俱到，在没有门路并且又太过辛苦的情况下，大梦选择了放弃。接下来，大梦心想要好好地规划下自己的人生究竟要做什么，由于上学的时候就比较喜欢英语，除去考取了大学英语四六级，大梦还考取了商务英语的相关证书。又加上大梦平时也很喜欢听一些英文歌曲，看一些英语原音的影视剧，所以她觉得自己对于英语学习有实力又有兴趣，分析完自身的实际情况，她决定去做一名英语老师。经过几轮的选择和面试，最终，大梦凭借着自己过硬的实力进入了一家英语培训机构，做起了一名全职的英语教师。几年之后，由于专业实力较强，教学态度严谨，讲课的方式也非常受学生们的喜爱，大梦居然成为了公司的优秀讲师。

能够从事喜欢的职业是幸福的，大梦就是这样，兜兜转转，避开热门趋势，精准定位自己的优势，顺从自己的内心，选择了自己的人生道路。像大梦这样这样每天带着愉快的心情去工作，工作效率也会在不知不觉中提高。所以，不要盲目从众地选择人生的道路，听从自己的内心，适合自己的才是最好的。

条条大路通罗马，三百六十行，行行出状元，每一条成功之路都是不可复制的，如果你想要成功，就要全方位地分析自身的条件和需求。世上没有一模一样的两片叶子，也没有完全相同的两个人，更没有可复制的人生经历。

不管之前的你做出了何种选择，从这一刻开始，拿出自己的主见，不从众，不惫懒，越过人生的陷阱，坚定自己所做的选择，然后更加努力！要相信，你一定是最闪烁的那颗星！

不要盲目模仿他人

还记得每年在韩国小姐选美比赛的时间段里，网友们打开网站，就会发现所有的参赛选手几乎长得都是一样的。众所周知，韩国整容行业比较火热，而对于各类微整形，年轻女孩们也认为是家常便饭，试想一下，如果全世界所有人都长得一模一样，该有多可怕！这个世界之所以绚丽多彩，就在于七彩的颜色编织着迷人的世界，若是全世界的花朵全都是一个颜色，也怕是极其枯燥无味的。

天上不会落下相同的两片雪花，树上也不会有两片相同的叶子，每一个人都是独一无二的存在，做着自己应该做的事情，一味地模仿别人只会让自己找不到原来的路。东施效颦的故事大家应该都听过，西施是越国众所周知的大美女，而东施则是一个丑女，爱美之心人皆有之，所以东施便开始盲目地模仿西施的一切，甚至模仿西施走路的姿势。后来，东施非但没有学会西施的走路姿势，反而忘记了自己原来是怎么走路的，最后只能爬着回家。盲目地模仿，最终可能会害了自己。现如今，从众是一种普遍的社会现象和社会心理，大部分人看到别人的成功或者优越总有一种羡慕的心理，从而盲目去模仿。例如，有一个三个男孩子的组合名字叫作TFboys，红遍祖国的大江南北，但是，他们的成功是不可复制的，后起的几个模仿组合也并没有取得多大的成绩。

王可是一个刚毕业的大学生，跟着室友小梦一起去到杭州打拼，两个人性格不同，志向也不一样，因此选择的工作也很不相同。王可性格沉稳，谨慎小心，大学学的是测绘类专业，找到一份本专业对口的工作，每天朝九晚五，周末节假日休息，整天对着电脑处理各种数据。虽然工资不高，有时也会有些许工作不如意的地方，但是工作安稳，没有压力，对于女孩子来说，倒也是一份很不错的选择。而小梦性格活泼开朗，适应能力很强，因此选择了一份适合自己的销售工作。销售是最能快速成长的工作，虽然工作辛苦，工作压力也很大，还需要经常出差，但一年以后，小梦由于工作能力比较强，做事也稳重可靠，便已经月薪过万了。然而王可的工作虽然稳定，但是每个月四千元的工资，生活虽然足够却也没什么盈余。看着小梦每月的收入，王可心里有些不舒服，因此便也想尝试一下小梦走过的路。想好之后，王可辞去了现在的工作，跟着小梦做起了销售。虽然工作辛苦，但是刚开始的新鲜感也足以让人满足。然而，销售是按照业绩来决定工资的，要想做出成绩就得靠努力，时间长了，王可越来越觉得力不从心，最终因为业绩长时间不达标被辞退。

什么样的工作适合什么性格的人，做什么事情都不能强求自己，也不能盲目地去走别人的成功之路。王可性格不适合销售那种活泼的氛围，如果她沉沉稳稳地坚持自己的工作，再过个两三年，也许就会受到领导的赏识，提职加薪，应该也会有一个很好的前途。

走自己的路，不论别人如何光芒万丈，适合自己的才是最重要的，盲目跟随别人的脚步只会乱了自己的脚步，扰乱了人生的方向。在平凡的生活中找准存在的价值，彰显自己的光彩，才是我们最应该坚持的。

穿行在人生的航道上，你会路过很多条航线的风帆，经历越来越多的风浪，我们应该站在理想的肩膀之上，找准自己的航道，扬帆起航。

第08章

未来有变糟糕的可能，更有变美好的可能

从辩证唯物主义的观点来看，事情都有两面性，可以变得更糟糕，也可以变得更好。当然，不管是变坏还是变好，在还没有真正变成事实之前，都是一种可能。为此，我们一定要坚定不移走好人生之路，才能更加理性从容地面对未来。记住，只有内心积极乐观的人，才能得到命运的善待和馈赠，也才能透过阴霾看到漫天的阳光和美好。

未来是不可预知的，要有一颗坚定的心

人生就像一场精彩的舞台剧，与我们所能看到的舞台剧不同的是，这场人生剧没有剧本，也没有彩排，所有接下来要发生的一切都是未知的，没有人能够提前预知将要发生的情节。正因为如此，所有的选择都掌握在自己的手中，而我们需要做的就是当有困难来临的时候，能够认清形势，并坚定自己的选择。每个人的人生都是不可设计的，对于每一个平凡的人来说，所有的情节都要靠着自己感受，所有的选择都要自己默默承受，坚定并且努力地走下去。

拳击是一项残忍的运动，而中国第一位拳击运动的世界冠军邹市明在这条冠军之路上付出了比常人更多的努力和坚持。相信有很多人第一次听说邹市明是在一场亲子类的大型综艺节目上，但是彼时的邹市明已经在拳击的道路上坚持了很多年，也已经拿到了两届奥运会的冠军。小时候的邹市明是一个性格唯唯诺诺的小男生，在学校里的时候经常受到别人的欺负，而他也经常调侃自己说："我是因为在学校经常遭到女孩子的欺负才转去学武术，最终接触到拳击的。"接触到拳击之后的邹

市明找到了自己的天赋所在，不论训练的条件有多差，他都能满心欢喜地拿起拳击手套开始一次又一次的训练，而此时的他，便是跟生活中完全不一样的闪着光的人。既然走上了拳击这条路，前方的路就更加不可预知，荆棘满满，但是坚定地走下去才能对自己的人生、对自己热爱的事情交上一个满意的答卷，不是吗?

由于中国在拳击史上一直默默无闻，所以邹市明就是中国的希望。他有着1米64的身高，却保持着45公斤的体重，对于大部分女生来说，这都是一件很难做到的事情，而为了在这一公斤级上取得突破，邹市明多少年如一日地克制饮食，维持身材。最终在家门口的北京奥运会上，他拿到了中国第一枚拳击金牌，但是迎接他的下一次挑战便是伦敦奥运会上的卫冕。四年之间，他坚持高强度的训练，门口有一台监控记录着他每日的出行和归来时间，这种没有自由的日子是普通人难以忍受的，但是邹市明凭借着自己的热爱和坚定又一次拿到了伦敦奥运会的冠军。随后，邹市明便开启了自己的职业比赛生涯。在比赛的历程中，他虽然有失败，但是却带着这份坚持和热爱走到了现在，邹市明的心里一定满心欢喜，无怨无悔。

你是否还在困难的面前很忧郁地思考着：我到底要选择走哪条路，我到底该不该放弃现在的坚持？在邹市明失意之时，他肯定也问过自己无数遍这个问题，但是在每一次自我质疑的时候，他都没有放弃自己一开始选择的路，如果当时放弃的话，中国在世界拳击史上便少了一个冠军。

我们都是这个世界的路人，短短几十年的人生匆匆而过，每一次望向前方要走的路，虽然迷雾重重，危机四伏，但是仍需要整理好内心，带着满心的热爱和天赋，勇敢而坚定地走下去。

让生命始终被希望的光所照耀

小时候学走路，每走一步都会摔一个跟头，而爸爸妈妈的拥抱和搀扶就是我们的依靠，每每将要跌落在地，总有一双宽厚的大手抱住我们。稍大的时候，我们开始读书，开始发现自己有越来越多的困惑，想要学好的成绩总是没有起色，默默喜欢的人也一直对自己不理不睬，而老师还会为我们的异常状态而担心，为我们答疑解惑，找寻解决问题的方法。再长大了，一个人在外打拼，总是找不到人生的方向，不知道自己现在所坚持的事情还有多少阻碍，而此时内心的坚持和执着就是我们的希望。

黑暗中，人往往会主动蒙上自己的眼睛，因为一贯的黑暗让我们找不到方向，从而失去方向，但是我们需要主动去寻找生命的光芒。每个人都有陪伴者，他们可以是一直担心我们的父母，也可以是陪在身边的朋友，也有可能是一直坚定不移的自己。

人长时间在大海上飘荡就会异常渴望看到陆地，而长时间处在黑暗之中便会极度想看到光明，当看到一丝的光明便会内心狂喜。生命的所有历程必然不会一直荆棘满布，当你走在黑暗的路途中，要坚定不移地找寻内心的火光，照亮前方的路。

震惊世界的2008年汶川大地震在很多人心中都是一个惨痛的回忆，而对于从那场灾难里幸存下来的人来说，这场突如其来的人生大祸也是生命中最大的转折点。廖智就是这样一个永远被希望之光照耀着心灵的姑娘。在那个黑暗的一天，她失去了女儿、丈夫，也失去了婆婆，也永远地失去了自己的双腿。对于一个天生的舞者来说，失去双腿无疑是失去了人生所有的希望。起初，廖智很绝望，也失去了生存下去的希望，后来，廖智渐渐地明白：失去的人已经永远地失去了，但是还活着的人还要带着逝者的希望继续活下去。出院之后，廖智为了贴补家用，又一次站上了舞台。第二天，由于伤口感染，廖智再次面临着截肢。

然而，内心的坚强就是生命中最温暖的曙光，廖智勇敢地接受了这一个挑战。出院之后，她勇敢地又一次回到了心爱的舞台。廖智说："经历过生死的人，何惧生命中那些小小挫折，每一天都是余生最精彩的一天。"后来，廖智的舞蹈走向了更大的舞台，而在生活中，她也重新遇到了生命中最重要的人。如今的廖智，有了生命中第二个女儿，在以后的人生中，她一定会带着坚强更加精彩地度过人生的每一天。

当遇到困难时，我们总希望痛苦能筑成一道铜墙铁壁包围着此时软弱的我们，不想让别人看到自己此时的狼狈不堪，也不想给被痛苦麻痹的心灵一点阳光。此时的我们，没有方向也没有动力主动迈出自己的脚步去寻找阳光。可即便是在生命的绝境之中，廖智都会坚强地面对，驱赶笼罩在心底的乌云，用勇敢的心面对一切扑面而来的困境，也许，再往前迈出一步，就能看到生命里的阳光。

主动摘掉蒙在心中的幕布，问题总要在行动中才能得以解决，一味地用厚重的铠甲包围自己，便永远也看不到前途的光明。此时此刻，我们只能够靠行动来创造，失败了不要气馁，彷徨了也不要慌张。生活不就是一点一滴的酸甜苦辣，跌跌撞撞吗？走出阴暗的心房，你会发现，这个世界从来不是你一个人在行走，你有父母，有朋友，有师长，还有这内心坚定的希望。

对于无法改变的事情，要学会接受

这个世界有太多我们无法改变的事情，比如生长的环境，天生的长相，以及羡慕不来的别人的天赋。人生其实有很多次的转折点，你会自由地选择自己想要走的路，虽然你难免会考虑到此时你所经历的别人的眼光和世俗的牵绊，但是我们依旧可以就那些无法改变的事实而转变自己的方向。

还记得高二文理分科的时候那份纠结吗？理科是一门就业范围比较广的科目，录取的专业和难度也会降低，而文科则又是我们所喜欢的并且是实力所在，所以如果你天生在文字方面有天赋，就要发挥优势，要做到理性地选择，坦然地接受。

很多人还是会感叹这世间有很多不公，也许大家都会觉得自己很不幸，可是这个世界本来就是不公平的。当一个人在感慨没有一个殷实的家境可以让自己选择更多的爱好和特长时，殊不知还有很多的人生存在连一日三餐都不能保证的山村地区。作为真正的人生强者，一定要坦然地接受不幸，这样才能迈出远离不幸最坚实的一步。

史铁生是我国文学史上伟大的作家。小时候第一次接触史铁生，是课本上的一片文章《秋天的怀念》，只记得当时读完这篇文章眼泪已经落了下来，但也不知道为什么，文章就那么让人印象深刻，直到现在也会时常想起。后来，再一次把文章拿出来重新研读，只觉得那种宁静的心和内心的悔恨依旧会让人热泪盈眶。也许正是生命中带来的苦难，给予史铁生内心强大的盔甲，给予他选择人生的第二个转折点。

史铁生出生在北京，读书的时候是班里的尖子生，体育也特别好，尤其擅长跨栏，18岁那年跟随中国的上山下乡热潮去陕西插队。两年后的一个暴雨天气之后，史铁生突然发高烧，本以为自己身体强健便没有在意，谁知却埋下了祸根。一年后，他的下肢彻底瘫痪了，对于一个正值青春的少年，这一场灾难无疑是毁灭性的。但是，经历了适应期，他坦然地接受了命运给他开的这场玩笑。为了不拖累家人，他便出去找工作，在家具上画画，这一画就是7年。在此期间，史铁生的世界里有生活，有家人，也有文学。然而，命运的偶然性打击显然并没有结束，1980年末，他查出患上了肾病，后来演变成了尿毒症，每一次艰难的透析都是对生命的折磨，然而，他坚强地面对这一切的苦难，执着地活过了12年。在遭受病痛折磨期间，他在文学上取得了极高的成就。

那些不掌握在自己手中的事情，我们无法改变，只能坦然接受；那些掌握在手中的事情，我们就不能被动接受，而是要积极改变，拼尽全力去争取。唯有改掉懒惰，才能找到解决事情最合理的方案；唯有改变固执，才能高效率地处理好所有的事情；唯有改变骄傲，才能让每一次小有成就都变成下一次成功的锦上添花。

改变意味着走出自己的舒适区，养成一个好习惯很难，但是养成一个坏习惯却轻而易举。人都喜欢每天舒舒服服地躺在床上看电视，打游戏，刷手机，时间长了这个低质量的满足感就会腐蚀掉你的心灵。即使意识到要做出改变，你也会因为懈怠而明日复明日地蹉跎着。

意识到这个世界的不公，也许是一件好事，这样我们就不用再自怨自艾，而是可以拼尽全力，努力地去改变，努力地达到自己心里的水准。生命中所有的不完美都是我们此生最大的挑战，而对于那些无法改变的事实，主动接受，找寻方向去努力，就会等到柳暗花明。

坚强的心是人生勇气的来源

“真正的勇士，敢于直面惨淡的人生，敢于正视淋漓的鲜血。”这是鲁迅先生曾经说过的话，也被如今很多年轻人当作人生的信条。在这个疯狂又残忍的世界里，很多人都以这句话不断地鼓励自己，不断给脆弱的心灵穿上更加厚重的盔甲，才练就了金刚不坏之身。每个人都在坚强地努力着，又在努力地坚强着。

有时候会想，为什么不能再勇敢一点，踏出这一步能有多难呢？每个人都不知道自己所能达到的高度有多高，如果不迈出这一步，又怎么能知道自己到底有多少能量？所以，每个人都需要勇敢，而迈出脚步的勇敢需要底气，这个底气就叫做坚强！

坚强可以让我们直面最不如意的结果；坚强可以让我们在没有方向的黑暗中依旧有能量坚持到有光亮的远方；坚强可以让我们在从高空掉落时淡然拍拍身上的泥土，继续前行。所以坚强一点，谁不是一个勇士呢！

前几年，大家都一定听说过一个《滚蛋吧，肿瘤君》的故事，这个故事的女主角是一个叫熊顿的女漫画家，她的作品温暖有活力，被很多粉丝亲切地称为中国的高木直子，而她最初则是因为《熟女养成日志》走入大众的视野。2011年8月的早上，熊顿在家中突然晕倒，室友发现了之后，急忙把她送到医院。经过详细的检查，得到了一个不幸的消息：熊顿患了非霍奇金淋巴瘤，需住院进行治疗。从此以后，熊顿便开始了生命中漫长而又坚强的抗癌过程。但是，每天看着头顶上的天花板，承受着难以承受的化疗之痛，听到耳边都是重复的打针、吃药、量体温等声音，熊顿突然觉得有些茫然了。

这样的日子很是无聊，于是，熊顿又拿出了心爱的画笔，重新开始追求一直以来的梦想。在这个漫画中，她记录了自己生病以来的经历，肿瘤被清晰化为肿瘤君。整部漫画的风格都是幽默的，但是当你看到这个正能量的女生乐观开朗的表现时，心中未免会充满辛酸，与此同时，也会得到莫大的心灵力量。在生命中最艰难的时光里，漫画给熊顿带来了很大的力量。她的漫画使人觉得肿瘤只不过像是一场小小的感冒一样，而正是这种坚强和乐观，带给了熊顿面对死亡的勇气。2012年11月，熊顿带着欢笑离开了这个世界，而在离开的前一天，她还笑呵呵地提醒好朋友：天气转凉了，要加衣服了。一个乐观坚强的漫画家，在经历了一系列暗无天日的治疗之后，却仍然能够在作品里表现出超出常人的坚强和淡然处世的态度，带给我们大家的也是无限的鼓励。

每一个独一无二的人生阶段都是完美的，我们需要学习熊顿的坚强和勇气，不管是幸运还是苦难都要享受并且珍惜！在电影版的《滚蛋吧，肿瘤君》里的最后一幕中，熊顿在录自己的葬礼视频的时候说：“我愿用微笑为你赶走这个世界的阴霾，当你们遇到生活中的很多困难时，请在心中默念熊顿的名字三遍，我会在天堂给予你们力量。”录出这个视频也需要莫大的勇气吧！

也许你目前的人生历程一直顺风顺水，所以当遇到一点困难的时候，你冒出心头的第一个想法就是退缩，这也是人之常情。但是，你必须在心里给自己打气：不要担心，不要惧怕，人生就需要这样在黑暗中勇往直前才能探索到它的秘密和意义，勇敢一点，坚强一点！明天的你一定会感谢现在如此勇敢的你。

机会再渺茫，也绝不放弃

自然界有一个物竞天择、适者生存的生存法则，老虎需要努力奔跑追上斑马，才有今天的晚饭，而斑马则需要努力奔跑，逃过这一劫才能保住自己的性命。我们生存在人类的竞争社会，每天或者独自一人孤军奋战或者在与不同的人经历着看似平静却饱含惊涛骇浪的战争，这场战争没有硝烟却威力巨大。

在这场战争中，每个人都需要全力争取，有时候跟同伴竞争，有时候跟自己竞争，有时候跟生命抗争。也许你很讨厌这个世界的纷繁杂乱，还会抱怨为什么要争个你死我活，为什么不能和平共处？可是适者生存同样适合人类，也许你还在悲戚地抱怨，而他人却已经全力做好一切准备，随时准备抓住摆在面前的机遇。

是的，哪怕机遇非常渺茫，我们也绝对不能放弃，因为放弃意味着彻底失去。在机会来临之前，我们必须做好万全的准备。如果你希望成为一名舞者，请努力练好自己的舞步；如果你的梦想是成为一名歌手，请每日低吟浅唱勤奋练习，准备好如同百灵鸟一样的金嗓子；如果你渴望成为一个诗人，请尽可能多地读书，只有书看得多了才能更好地驾驭文字，抒发内心。

毛不易是最近一个选秀节目中走出来的一个音乐人。小眼睛带着一个眼镜，羞涩得出现在镜头里，慌慌张张，目光闪躲，是我对他最初的印象。随后，我就发现这个大男孩笑起来眼里闪烁着光芒，在舞台上唱歌异常坚定，也难以想象这个1994年出生的大男孩是护理学专业走出来的，却如此热爱音乐。小时候的毛不易曾经跟妈妈的朋友学过一段时间的音乐，从此便爱上了音乐。大学时，他接触到了吉他，由此进入了崭新的音乐新世界，从此便潜心学习吉他。毕业之后，他进入了一家医院，在繁忙的工作中，依旧坚持努力练习吉他，并开始尝试写歌。2017年，《明日之子》这样一个选秀节目进入了大众的视野，也在毛不易的心里掀起了涟漪。他想去参加，原因很简单，就是想让更多的人听到他写的歌。然而在这个娱乐至上的社会，毛不易没有过高的颜值，唱功也不够专业，但是日复一日的训练和耳濡目染的音乐熏陶，培养了他很好的创作能力。

毛不易准备好了，即便此次机会渺茫也要尝试一下，才能对得起自己。因此，我们听到了他在节目上的第一首歌，诙谐生动，真诚鲜活，一下子就记住了这个腼腆的少年。随后毛不易的每一首歌都让人很惊喜，尤其是《消愁》更是表达出生活的无奈和感慨，成为年度一大热门歌曲。这个夏天，这个少年抓住了机会，绽放了自己。

没有之前对自己实力的努力打磨，就算机会摆在面前，毛不易也只能无奈地看着机会溜走，所以在机遇来临之前，你要做的就是勤练技能，丰盈羽翼，提升实力，这才是对梦想的尊重，才能在必要的时候抓住渺茫的机遇。如果毛不易没有勤练琴技，没有努力写歌，那就算给他再大的舞台，也只能是白白浪费机会。

现实生活中有很多人只是把梦想当作一个遥远的东西，因而把梦想默默地放在心里，没有为实现梦想而做出任何实际行动，这是对自己梦想最大的不负责任。当一个人从未为梦想做出一丁点的努力，有什么权利把它称之为梦想呢？这样的人总是离梦想很远，实现梦想也会变得遥遥无期。

第09章

梦想再大也不嫌大，追梦的人再小也不嫌小

对于梦想，常常有人懈怠，他们把梦想与空想挂钩，觉得所谓梦想就是“做梦+想一想”那么简单。实际上，梦想越是远大，越是可以对人生实现指导的意义和作用。而追求梦想的开始时间越早越好，只有趁着年轻，抓住追梦的好时机，我们才能发挥青春的优势，也激发自身的力量和勇气，坚定不移朝着人生前行。

尽早开始，给自己实现梦想更多的时间

也许你没有看过张爱玲的作品，但是你一定听说过张爱玲的那句：出名要趁早。做什么事情都要给自己留有余地，因为拥有更多的准备时间往往会减少出错的机会。经过一遍又一遍的查漏补缺，反复检查，你可以把一件事情做到几近完美的状态，所以尽早开始就是留给自己更多的时间成本和更多的准备，也许这就是离成功最近的一次。

曾经有人做过一个调查，一个人如果想要掌握一项技能，成为这个领域的专家，就要不间断地练习10000个小时。10000个小时就是417天，一年多的时间不吃不睡什么也不干就一直在学习，才能达到一个专家的程度。所以，尽早开始实现梦想也会更早一些。每个人心里都有给自己埋下一个梦想的种子，也许是很小的时候，也许是开始读书的时候，也许是在青春年少的时候，总之，当你意识到自己要为这个世界，要为自己做点什么的时候就是开始的最好时机。

之前有一个5岁的小男孩在网上晒出了自己的简历，让很多网友都大开眼界，表示自己一个985毕业的本科生都自愧不如。

看着一条一条的兴趣爱好，一页一页的英文书单，确实会心生惭愧，而他的父母表示让孩子尽早接触更多的东西，但并不要求他每件事情都做到精通，只要过程做得充足不留遗憾那就是值得的，长大了也能更快地找到对自己来说更有意义的事。早一点开始，便能更早地认识这个世界，这是永远不变的真理。

王礼是一个软件公司的创始人，年经轻轻就已经拥有了自己的公司，当很多同龄人还在大学的校园里浑浑噩噩，很多年轻人在为了生计奔走忙碌，为了工作跑上跑下的时候，他已经在参加各种论坛，主持很多重要的会议了。他的人生教给我们：尽早开始是最大的幸运。小时候，他就对数学表现出极强的天赋，对于各种逻辑运算也是信手拈来，于是，爸爸妈妈看他对数学很感兴趣，就帮他报考了奥数班，让他在学校的学习之余巩固数学思维。对于奥数班，他并没有像同龄人一样觉得是一个负担，反而觉得很有意思。当然，王礼也没有让父母失望，小学的时候，他就在奥数竞赛中夺得了第一名。可以说，在小学阶段，王礼的数学水平已经超出了很多的初中生。

在初中的时候，王礼又接触到了一个改变他生命轨迹的东西，那就是互联网。互联网的世界很纯粹，就是用另一种语言来解决生活中的很多难题，非常生活化。于是，王礼便花大部分的时间来学习计算机语言。随着时间的推移，他的能力越来越强，高中的时候，他开始参加软件大赛，并且在某一次比赛中取得了第一名的好成绩。凭借着独出心裁的设计，他开始了一个新的人生起点，和一群志同道合的伙伴一起注册了公司。

但是，尽早开始也只是一个起点而已，接下来的路还需要脚踏实地，专注一件事情，从而获得成就感。就像王礼一样，专注地寻找着大片枯燥代码中的错误，当终于找到时就会有莫大的快感；也像小时候做数学题，转换了无数次的思路，当终于找到正确的解法，也会获得无限的满足感。

人生就像一场长跑，起点有些许细微的差距，但是失之毫厘差之千里，正确地找准自己的方向，早一点开始，也许能早一点发现错误，从而早一点改正，重回正途。早一点开始可以弥补时间上的不足，人生的路还需要一步一步地通关打怪，记住，梦想的起点也许就是你比别人成功的资本。

一步一个脚印，迟早可以到达巅峰

小时候学过一篇课文，男孩子一般都比较调皮，叛逆心理促使他们想要干一些家长明令禁止的事情，于是男孩便跟随着小伙伴一起去村子附近的山上玩。陡峭的山也不算太高，爬上去还算顺利，但是下山便让人很害怕。于是当夜幕降临，小伙伴都已经离开之后，男孩还是没有下山。父亲很焦急，找到山脚下，耐心地教他：“不要害怕，心里不要想着还有多高，勇敢地先迈出一步，走一步再走一步。”慢慢地，男孩的腿不再发软，就这样在心里默念着走一步再走一步，一直到达山底。

爬山如此，人生亦是如此，只要我们坚信心中的力量，一步一个脚印地往前走，无论风吹雨打，日夜兼程，终会到达心中的高峰。也许你目前已经失败了，没关系，这是人生的最终目标吗？很显然不是，期间的一切过程都是在衡量：我们是否做了，是否拼尽全力地往前走了？所以，眼前的失败只是暂时的。

姚军是一个游泳运动员，从5岁开始，他每天就都泡在游泳池里。因为父母都是运动员，再加上天生拥有运动细胞，所以他从小就展现了不同常人的体能。从此，父母便开始训练他的体能，每天繁重的训练计划占据了他生活中大部分的时间，也侵吞了他的童年时光。他很少与同龄人打闹，也很少看动画片。但是，他并没有觉得这一切都是很难的事，也并没有觉得现在所经历的一切都是苦难，喜爱就是面对困境的一切动力和勇气。不幸的是，由于长期高强度的训练，姚军的身体消耗过大，开始变得虚弱起来。医生说：最好现在停止所有的训练，全力调整身体状态。于是，为了自己的身体，也为了以后可以更加全力地追求梦想，他便遵照医嘱，全力调整，身体也开始慢慢好转。

渐渐地，姚军又开始下水，又开始新一轮的训练，但是速度已经远不如以前。停了这么久，对他的实力肯定有很大的影响，他开始着急起来。但是教练告诉他："现在的速度肯定不比生病以前了，但是你的身体底子还是很好的，不要着急，我们先把目标定在比现在的速度快一秒，只要你突破了这一秒，你就是成功的。慢慢地，下次我们再定下一秒的目标，总有一天你会重新找到以前的自己。"听到教练的话，姚军仿佛吃了一粒定心丸，全心投入到训练当中。渐渐地，他找到了在泳池里的节奏，速度也变得越来越快。可以相信，只要坚持不懈，持之以恒，姚军的游泳道路一定会更加顺利，更加辉煌。

很多人遇到一点挫折就自怨自艾，很多情况下时间就是在这不断的抱怨中悄悄流逝的。试想一下：当你的作品被退稿了，你很难过，第一种选择是更加努力地充实自己，找出作品中的不足之处，加以修改再一次投稿；第二种选择是怨天怨地怨自己，更埋怨人生的不公和知音难觅，哪一种更有意义呢？所以慢慢来，未来的日子，你的努力会带给你惊喜。

走一步再走一步，争取一秒再争取下一秒，人生的路那么长当然需要慢慢走，耐心一点，再耐心一点，只要你尽了自己最大的努力，就能够在看得到的地方找到自己的成长脚步。别着急，成功会如约而至。

困难，并不像你所想象得那么不可战胜

韩寒的《一座城池》里有一句话特别有意思："每个人心中都有一座城池，当你想逃避时就会躲进去，有的人躲的时间长，有的人躲的时间短！"初看这句话时年少无知，当时并不理解，随着渐渐长大，经历过的事情渐渐地变多，才开始明白：苦难是人生的阶石，每个人都会经历不一样的困难和失意，当你很狼狈的时候，就会想找个没有人的地方躲起来，同时也把自己的心关起来。但是，能否走出来全在一念之间，只要你迈出了那一步，那就是你成功的起点。

困难是什么，就是要把你困在一个密不透风的心墙之中，满心都觉得这件事情很难，这道墙很难跨过去。当你真正意志消沉，毫无力气跨出去，困难就达到了目的——拖垮你，让你留在困境之中。其实，你只要转换一下心情和困顿的思维，就会发现跨越困境并没有想象中那么困难。

好了，现在我们已经迈出自己的脚步，这只是一个起点，当你越走越远，你就会发现未来的挫折远比当时困住你的那个石头要大得多，但是现在的你就可以很淡然地朝着当时那个痛苦的自己笑一笑，其实也没什么，接下来就是全力打起精神，对抗一波接一波的狂风暴雨。

赵果是一个坚强的姑娘， 然而，读书的时候，她却一直

是一个性格内心软弱的人，经常考试成绩一出来便开始哭，整日地抹眼泪，同学们都玩笑般地喊她林妹妹。高中之前，赵果成绩很棒，高一那一年是一个转折点，刚刚开始住校的赵果极其不适应，整日精神忧郁，后来她终于病倒了。在老师的建议下，她请假回家养病。一个月后，赵果重新回到学校，从此学习成绩直线下降，而自尊心强的她不愿跟同学倾诉，便整日郁郁寡欢。高考的时候，赵果只考到了一个三本的成绩，最终听从家人的意见去复读。然而，复读时的赵果更加没有状态，整日没有精神，以泪洗面，望着窗外的地面会时不时地有想跳下去的冲动，最终被诊断为轻微抑郁症。

从那个时候开始，赵果的妈妈便专门陪读赵果，一心想走出困境的赵果也全力配合医生的治疗，积极地吃药，慢慢地调整自己的心态。亲人的陪伴永远都是一剂定心针，赵果开始变得乐观起来，渐渐地，她开始真正投入到学习和生活中，规定每天的学习时间，将每日的学习任务量化，也开始学着运动，每天晚上下完晚自习去操场上跑两圈再回家。找准了学习方法的她在学业上变得得心应手，每次的模拟考都在进步，最终在人生的第二次高考中考出了一个好成绩。

谁也不是生来就如此坚强的，经历过越多的磨难，就会愈加明白生命的意义，才能更加快速地成长。我们都是普普通通的凡人，刚生下来的时候，每一个人都是白纸一张，都拥有一颗脆弱的心灵，在父母的羽翼下健康地成长。渐渐地，小生命会变得越来越独立，也面临越来越多的艰难险阻。每一次挣扎和面对困难之后，我们都会收获另一个更加坚强的自己。回首之后发现当时的困难其实不堪一击，当时被困住的自己也是如此可笑和稚嫩。

我们要做一个温暖的人，不管有没有人理解，要快乐、开朗，不管结果是好是坏，都不要困住自己，重要的是过程！更重要的是，你还有一群在意你的家人、朋友在陪伴你度过人生的每一段艰难的旅程。

成功者未必有天赋，却一定很努力

成功都是靠99%的努力和1%的天分来铸成，没有不劳而获的成果，你需要做的就是全力以赴，不放弃任何一个可以成功的机会！俗话说：爱拼才会赢。只有不断地拼搏进取，人生才可能迎来新的转机。而世上大部分人都是庸碌的凡人，他们满足于现在，沉迷于过去，从未想过挑战未来，所以才会一直平凡。

每一个成功的人背后都会有一段艰苦的黑暗时光，他们也会彷徨，也会迷茫，但即使被失败打击了无数次，他们也依旧会鼓起勇气继续努力，朝着坚持的方向继续风雨兼程。我们都在畅想自己以后能有什么样的人生，走什么样的路，拥有什么样的梦想，然而很多人的目标都停留在想象阶段，并没有采取任何有效的实现方式，因此一直碌碌无为。所以要想达到自己的预期，就要从手边的事情开始，脚踏实地才能看见光明的未来。

初中的时候，秦雪是一个很开朗的女生，同学们对她的看法就是：只要看到她，她就一直是笑容满面的。但是秦雪也有不足，那就是对于学业并没有太大的行动力，因为家境优越的秦雪从小就衣食无忧，所以并不知道只有努力才能改变命运的道理。她每天该上课的时候上课，课余时间依旧很精彩，看小说，看漫画，逛街打扮自己，做着所有小女生都喜欢做的事情。

初中毕业那年的暑假，秦雪突然发现这样的生活很没有意义，并不能给她带来长久的快感，于是新学期开始，她变了一个人。为了补上自己落下的内容，她开始了疯狂的学习计划。每天天还不亮，当别人还在被窝里睡得很香的时候，她就已经起床准备好去背课文，背单词。每天中午，当大家都在午休的时候，秦雪依旧在教室里看上午讲课的内容，巩固和加深对所有知识点的印象。只在很累的情况下，她才趴在课桌上休息一会，闹钟一响便又开始揉揉眼睛，按摩一下太阳穴，重新投入深度学习。

夜晚，由于过了晚自习的时间，教室里便不再留人继续看书，秦雪便把课本带回寝室，直到把一天的计划全部完成。有不懂的地方，她还积极地向老师和同学们请教，调整良好的学习状态，不断改进学习的方法。在这样的努力状态下，秦雪的学习成绩不断提升，在高一结束的时候，名次已经是班里的前五名。在奋斗的过程中，秦雪找到了自己的价值，并开始寻找内心更加丰盈的自己。

我们都是普通人，也许在某些方面略有天赋，但是成功还是掌握在自己的手中，就像秦雪一样，找到自己的差距，找到自己现阶段的人生目标，并做出合理的学习计划，且还要付出超过常人百倍的努力和万分的投入，才能获得成功。

一个人之所以能够这样坚持不断地努力，即便是遭受打击却依然坚持，肯定有能让他坚持下去的理由。所以说，天赋对一个人很重要，没有天赋就没有喜爱的动力，但是天赋却并不是最重要的。朗朗是世界级的钢琴大师，从小就展现出惊人的音乐天赋，但是郎朗在有天赋的情况下依旧锲而不舍地努力，所以才能取得如今的成就。伤仲永的故事我们也听说过，仲永从小展现出惊人的文字天赋，但却整天洋洋得意，不勤加练习，最终又泯然众人，实在令人惋惜。因此，天才也需要拿出百分之百的努力才能达到新的高度，从而追求更加完美的人生。

眼界决定了人生能走多远

站在山脚下，我们能看到的只是附近的花花草草，在没有大树遮挡的情况下，勉强可以看到远处的景象，但是，当你坚持努力地爬上山顶，看到的就是全城的壮观景象。所以古人会站在泰山之巅发出“会当凌绝顶，一览众山小”的感慨。

芸芸众生也是如此，当你行走在纷繁凌乱的社会中，总会为了生存而奔走忙碌，你是愿意一辈子平平凡凡，永远做一个安定的小职员，还是愿意选择承担风险，爬得更高看得更远，拥有更加开阔的眼界和更加自由的灵魂呢？一个人的眼界有多高远，那他所能看到的世界就有多广阔。

张强的家乡在一个遥远的山村里，那里没有网络，交通也不便利，从他的村子到镇里需要走3个小时的山路，其中还要走一条20米长的山与山之间的索道。由于村里过于滞后，没有什么谋生的出路，所以村子里大部分的青壮年都已经离开家乡到遥远的大城市里谋求生计，剩下来的基本上都是一些老弱妇孺。7岁的时候，张强开始上学，学校里有一个年长的老师，张强总喜欢听他讲很多有趣的故事，而这个学校里还有一个张强喜欢的地方，那就是一个小小的图书室。虽然这个图书室不大，书也都是外面的人捐过来的，但是对于张强来说，这里有的是外面的世界，也是除了山以外他所看不到的有趣的事情。

从一开始的童话到后来的历史以及各种小说，张强接触到了他渴望看到的东西。有时候，有很多不懂的地方，他便去老师那里寻找答案。老师告诉他：好好学习，他便能走出这座大山，看到外面精彩的世界。于是，张强更加努力，书里的世界并不是全部的世界，但那些书开阔了他的眼界，让他渴望更精彩的世界。

功夫不负有心人，读大学那年，张强终于走出了大山，来到省会城市读书，他看到了书里的高楼大厦，看到了层层叠叠的立交桥上川流不息的车辆，也找到了另一个生活方式，爱上了更大的图书馆。他更加努力学习，汲取着更多的能量，看更多的书，听学校里各种各样的讲座，接受不一样的独立的思想，跟同学们一起在操场上运动，出门看看更大的世界。他变得越来越自信，毕业之后，张强没有留在这个生活了四年的城市，他选择去北京，接触更多不一样的人和更有趣的思想和灵魂。他想要更大的世界，凭借着自己的专业实力，张强在一家知名企业找到了一份满意的工作。未来，他同样爱看书，爱出门，爱挑战，因为他坚定信心要找到更强大的自己。

眼界是思想的碰撞，我们可以像张强一样多看书，看到眼前看不到的世界。站在巨人的肩膀上，我们才能看得更高，走得更远。生活中，我们能看到的只是身边的一些景象，接触到的也只是身边的那些人，所以会一直活在平凡中，看着周围的人跟自己一样平庸，这时候我们会麻痹自己，以为这世界的所有人都像自己一样碌碌无为。要想打破这种局限，我们需要主动寻找那些优秀的人，找到自己和他们之间的差距，并时时刻刻保持警惕，告诉自己和那些优秀的人之间的差距。

更大的世界会给我们更多的力量，只有看得足够远，才会想要达到更加开阔的远方。当你身处困境的时候，开阔的眼界会给你更多的选择，让你有更多的准备，去选择和找寻解开困顿之门的钥匙。

第10章

哪怕没有人鼓掌，也要坚持走下去

有人说人生是一场没有目的地的旅途，有人说人生只有去路没有归途，也有人说人生堪比白驹过隙，让人猝不及防。我们要说，人生时而喧嚣，时而热闹，时而繁华，也时而寂寞，时而冷清，时而孤独。很多时候，我们在人生的道路上前行，没有同行者，也没有观众，在这种情况下，哪怕我们很多精彩卓绝的表现没有人见证，我们也要坚持走下去，实现我们最终的梦想和对于生命的无限渴望。

你比想象得更坚强

生活总是会出其不意地给你一次重击，可能是学业上，可能是工作中，也可能是生活里，没有人一辈子都是顺顺利利的，都会在不同程度上经历一些苦难，而跨越这一场场苦难就是生命长河中最重要的事情。因为这些磨难可以让你成长，让你变得更加坚强，从而能够更加从容地面对未来更大的挑战。

心情不佳的时候人会变得特别敏感，新的一天开始了，睡醒之后也依旧不愿看见光明，便又钻进被窝里，可是此时不安的心已经不能使你再安稳入睡，便坐在床上百无聊赖。突然，窗外的太阳变得强烈而又刺眼，也会给此刻脆弱的你一股莫名的恐惧感。那些不愿想的事情便又像根刺一样又一次扎在了你的心上。

莎士比亚曾经说过：聪明人永远不会坐在那里为他们的损失而哀叹，却情愿去寻找办法来弥补他们的损失。而那些悲戚之气总是会给生活蒙上一层悲伤的气息，这时候的你越想就越觉得自己可怜。其实，这只是生活中必不可少的一部分，你要记住：你远比你想象中的自己更加坚强。

尼克胡哲是一个世界闻名的残疾人演说家，他1982年出生于澳大利亚墨尔本这个美丽的城市，但是上天是不公平的，刚出生的胡哲就是一个没有四肢的可怜宝宝，只在左侧臀部以下的位置长了一个只有两个脚指头大的小脚。但幸运的是，胡哲有一个幸福的大家庭和一对善解人意的父母，胡哲的爸爸是一个工程师，妈妈是一家医院的护士，从小便将胡哲照顾得很好。

转眼间，胡哲到了上学的年纪，父母并没有让胡哲去上残疾人学校，而是把他送进了正常的学校，因为胡哲的父母知道：未来胡哲的路肯定会更加辛苦，所以要想过精彩的一生，必须让他拥有强大的内心。但是校园霸凌一直都是这个世界不可避免的话题，所以小胡哲也因为残疾深受同学们的欺辱。十岁那年，承受不住这些的小胡哲选择了在家里的浴室自杀，幸亏被发现及时，才被救了回来。但是一再被困扰的小胡哲又一次选择寻死，最后都被家人给救了回来。后来，胡哲慢慢明白，既然来到了这个世界就要很努力地活着。此后，他开始寻找生存下去的勇气。他开始学习游泳，打高尔夫，还非常努力地学习。后来，19岁的胡哲向学校毛遂自荐，想要进行演讲，在被拒绝52次之后，第53次，他终于成功了，学校给了他一个简短的演讲机会，并给了他很少的报酬。从此，他便开始了演讲生涯。在不断坚持之下，胡哲终于成为了全球闻名的演说家，脚步遍布全球二十多个国家。

你的意志远比你想象中更强大，有时候你自己都不知道自己有多强大。胡哲面临生命的不公，面对生活中的诸多不便，面对校园里同龄人歧视的眼光，他也想过结束自己的生命，可是他最终意识到既然上天给予了他生命，让他来到这个明媚的世界，他就不应该白白浪费这美好的时光，所以他勇敢地战胜了生活中的诸多磨难。现在的胡哲有一个美丽的妻子，还有了自己的孩子，他一定可以很坦然地面对接下来生命中的诸多磨难。

“天将降大任于斯人也，必先苦其心志，劳其筋骨，饿其体肤。”生活不可能按照你自己的设想一直走下去，总会有苦难来让你成长，相信自己，你比想象中的更加坚强。

像野草一样顽强不屈

还未记事的时候，家长都会先会教孩子背诗，其中“野火烧不尽，春风吹又生”是让人印象最为深刻的一句，朗朗上口却又揭示了最为平凡的道理：像野草这样平凡又渺小的生物，即使遭遇野火吞噬，一阵春风吹来便又能很快恢复生机，而人也一样，面临艰难困苦，我们都需要像野草一样，拥有坚强的品格。

放眼宇宙万物，人类只是沧海一粟，渺小得如一叶孤舟，面对大自然带来的磨难，常常不堪一击。还记得2008年的汶川大地震，在这种强大的自然灾害面前，我们的确无能为力。在那场灾难中，很多人失去了生命，很多人失去了家人和朋友，还有很多人由健康的自己变成了一个残疾人。但是活着的人还要继续活下去，因为相比那些不幸失去生命的人来说，还活着就是这场灾难中最大的幸运。为了自己，为了还在的家人，他们必须拿出更大的勇气来面对未来生活中的苦难。记住，虽然此刻的你很渺小，但面对未来的一切需要更加坚定。

对于很多人来说，这些大道理都是懂得的，也知道自己在生存的打压之下，需要坚强一点再坚强一点，可是毕竟身在痛苦之中，永远没有旁观者的头脑更清醒，但是即便我们真的痛苦，抱怨也于事无补，而只会让我们在生存的过程中面对更多的磨难而已。

霍金是现代最伟大的科学家之一，这个颠覆世界宇宙观的人于1942年出生于英国牛津，父母都是小有成就的人。小时候经历过世界大战的霍金在父母的庇护下健康地成长了起来，虽然童年时期的霍金在学业方面并没有表现得多么优异，但是他却极为喜欢设计一些很复杂的游戏装置。后来，霍金进入到牛津大学开始了他的大学生涯，而在他大学生涯的最后一年，命运给他开了一个很大的玩笑，他发现自己的动作开始变得笨拙起来，原来可以很顺利地完成的动作现在会感觉有些吃力，还会无缘无故地摔跤。有一次，霍金竟然从楼梯上摔了下来，造成了自己短暂性的记忆缺失。

等到进入剑桥大学的时候，霍金的病情变得比之前更加严重，话都有点说不清楚了。于是，他的父母便带他去看医生，而医生的诊断结果是：肌萎缩性脊髓侧索硬化症，并且只有两年可活。但是霍金并没有放弃生存的希望，他开始积极接受治疗，两年过去了，霍金依旧在坚强地活着。但是，霍金的病还在持续的恶化中，渐渐地，他失去了行动能力，只能依靠拐杖，语言能力也更进一步退化，到最后只剩下最亲近的人能够勉强听懂他的话。但是，即便情况这么糟糕，霍金都没有放弃炽热的生命，一直在思考这个宇宙和世界，最终成为了现代最伟大的物理学家之一，也是20世纪享有国际盛誉的伟人之一。

霍金说："当你面临着夭折的可能性，你就会意识到生命是宝贵的，你有大量的事情要做。"这世界的一切苦难都不是苦难，都只是考验你面对困难的意志，让你能跨越过去，成就更完美的自己，即便你遭受病痛的折磨，或者承受感情上的打击，这些都只是人生的一段经历而已。

每个人的人生都是不完美的，没有人可以一帆风顺，重要的是锻炼自己面对艰难险阻时的平静心态。地球离开了谁都会一样旋转，不要太把自己当回事，像野草一样，坚强而有魄力地走下去，你的人生就是圆满的。

只有坚强，才能支撑你走完人生

很多人都说：人在濒临死亡的那一刻都会回想自己的一生，从童年到成年直至老年的所有经历都会历历在目，所以，将死之人会为自己没有完成的梦想而感到失落，也会为自己已经做到的事情感到满足，会为错失了一段美好的感情感到内疚，也会为自己坚强面对人生的每一次磨难而感到欣慰。是的，回首一生的时候，是检验自己一生成果的时候，也是最容易产生惋惜的时刻，所以，珍惜现在的每一天，不论未来有多艰险，都昂首向前。

常常会听到很多人抱怨：我们为什么没有别人幸运？为什么别人能发现自己的兴趣爱好？为什么别人可以每天都开心快乐的生活着？但是，人生既然已经如此艰难了，你不是应该更加珍惜自己的时光吗？你所看见的不一定都是正确的，也许你看到了别人在工作上运筹帷幄，自信满满，但是你看不到的是他们挑灯夜读，努力钻研；也许你看到别人每天满脸笑意，但是你看不到他面临困难时的努力和坚强。

幸福生活的来源是努力的奋斗，没有人可以随随便便成功，困难就像一座岌岌可危的独木桥，你看到了桥下水流湍急，虽然害怕但是仍旧需要鼓起勇气走上去，突然一不小心掉了下去，你会紧张得手足无措，但当你镇定下来便会发现，其实情况并没有那么糟糕，只要坚强地面对，便能顺利地走过去。

20世纪80年代的小虎队风靡祖国的大江南北，一首《爱》更是传唱度极高，迅速让三个青涩的少年走入了大众的视线，而其中的“霹雳虎”吴奇隆更是深受广大群众的喜爱。吴奇隆的成长并非一帆风顺，他的过往经历让人深受鼓舞。吴奇隆出生于一个家境还算不错的家庭，父亲曾经做过电影编剧，后来开始做一点小生意。人有祸福旦夕，父亲的生意失败了，欠了很多的外债，在加上父亲一向嗜赌，所以欠下了一笔巨款。从此之后，父债子偿的命运便落在了年幼的吴奇隆身上，而巨大的债款更是压得人喘不过气。因此，年幼的吴奇隆开始在街上摆摊挣钱。

幸运的是，吴奇隆被星探发现，参加了一个选秀比赛，从此便加入了影响力巨大的偶像团体组合。那段时间应该是最艰难的时光，每个月20万元的债务让他不敢停歇，只能逼迫自己向公司要求更多的工作，每天工作21~22个小时，只有2~3个小时用于短暂睡眠，而面对这样的困难，吴奇隆一直在坚强地面对。后来，吴奇隆就入伍了，但是由于年幼时留下的手臂脱臼变得愈加严重，他停止了服兵役，重新回到日新月异的演艺圈，此时吴奇隆没有资源，虽然也有戏可演，但却不温不火。后来，机缘巧合，他接触到了《步步惊心》，从此吴奇隆的名字又开始出现在大众的视野，事业也变得蒸蒸日上。

挫折总是人生的常客，但是我们不能低头，吴奇隆面对家庭的巨额债款和事业的瓶颈期都可以靠坚韧不屈的品格走出困境，我们也该如此？记住，即使遭遇命运不断的打击，我们依旧要坚强地面对。学习总是人生最重要的事，吴奇隆在繁忙的工作之余，还拿到了北京大学的硕士学位，所以作为平凡人，我们更要时刻督促自己，努力进取。人生不要不敢想，勇敢地做自己，才能更有意义。

坚强是人这一生最为重要的品格之一，要想获得精彩的一生，只能够靠自己脚踏实地地去对待生命中的每一件事情，勇敢面对常常突如其来的挫折。当你勇敢无畏，也许下一个磨难就是你的转机。

你不放弃自己，世界就不会放弃你

世界上从来都不存在奇迹，那些默默等待奇迹的人相信都不会成功，如果真的有奇迹，那也肯定是由自己来创造。只要你不放弃自己，坚信自己不管面对什么样的艰难险阻，都能勇敢地去面对，找方法去解决，就一定能够柳暗花明又一村。记住，不抛弃不放弃是我们面对这个残酷世界最强硬的态度，唯有如此才能创造这个世界最美好的奇迹。

在这个不知道会发生什么的世界里，你可能会在追逐梦想的道路上遭遇打压，遭遇病痛的折磨，遭遇生存的压力或生命逝去的打击，也许每一个不幸都压得你喘不过气。但是只要你坚持下去，乐观的态度就会陪你走完全程，困顿也许会遮挡住眼前的路，使你觉得自己身处一段永远走不完的路途当中，但是只要你坚持原则，坚持一开始的梦想，总会等来柳暗花明的那一天。

许三多是近些年来大众视野里最深入人心的一个士兵形象，虽然他只是一个影视作品里的角色，但是却是人人都佩服、人人都心疼的人物角色。与此同时，他不抛弃不放弃的人生格言也深深地感动了许多的人。许三多小的时候是一个文文弱弱的人，平时就喜欢看书，性格强硬的父亲便把他送去当兵，希望能锻炼他的体魄，希望性格懦弱的儿子能够在部队的培养下变得有出息。进入了部队的许三多依旧是一个懵懵懂懂的人，不知道自己前路如何或者该去做什么。他非常依赖班长，而副班长则对许三多很反感，总觉得许三多会拖累班长，从而让整个班集体蒙上耻辱。因此在新兵训练结束后，副班长把许三多分到了后勤管道维护班。

但是，虽然许三多人在维护班，却依旧每天严格要求自己训练，所以一个班的老兵们都看不惯他。

有一次班长说：“曾经有一位班长想在这里修条路，但是一直都没有完成。”许三多把这句话当成了命令，便一个人开始了这个艰难的任务。没有人帮助，所有的事情都要一个人独自来完成，但是他从来没有想过要放弃。终于，他完成了。凭借着他自己一个人的力量完成了这个别人看起来不可能完成的任务，也让那些老兵们对他刮目相看。后来的许三多进入了钢七连，在这个处处是精英的团队里，他又开始变得不自信。但是，面对每一次的任务，他依旧发挥他不抛弃不放弃的精神，尽自己最大的努力去完成，终于他不再是那个刚进军营懵懵懂懂的兵，而是一个真正的战士。

所有人都觉得许三多傻，可是到底是谁傻呢？人不就是在每一个极限中突破自己，在别人异样的眼光中负重前行吗？如果许三多觉得只有自己在修路并没有什么意义，那他就失去了继续坚持做这件事情的动力；如果他觉得自己在钢七连找不到存在感，做什么事情都不合群，自己放弃，也就没有人觉得许三多是这样一个令人敬佩的人。

马云曾经说过，梦想还是要有的，万一实现了呢？有了梦想就要踏踏实实做到你该做的事情，不管做什么事情都不要放弃任何一丝机会。你总是要往前走的，有实力的自己才不会错过放在眼前的一切机会，所以年轻的你，一定要抓住一切能抓住的机会修炼自己。如果你想要成为一个作家，就尽量更多地看书，并且勤学苦练；如果你想成为一个漫画家，就认真拿出手里的画笔，每一笔都是自己前进道路上的沉淀。记住，你只有坚持了，才能看到这个世界带给你的曙光。

记住，这个世界上你只可能被自己打败

还记得小时候读二年级那年，由于身体经常生病总是需要请假，于是，那年的夏天，拿到成绩报告单的那一刻瞬间泪如雨下，因为上面的升学建议是留级。小时候的自己多骄傲啊，整天如沐春风。拿着成绩单一路哭，一路走，回到家里发现还没有人回家，便坐在路边继续伤心难过。邻居慈祥的老奶奶看到我在哭，便一把把我搂到怀里，轻声安慰道："有什么好哭的，不就是留了一级嘛。老师的本意是这一年你可以把学习的基础打得更加扎实，这样以后就可以轻松地学习接下来的知识。"

小时候的我对于老奶奶的话似懂非懂，但是之前的学习生活一直很顺畅，学习成绩也算是不错，所以当老师下发了留级的成绩单，作为小孩子的我下意识就是认为自己做得不够好，没有得到别人的认可，所以这小小的挫折触发了无限的悲伤。然而，小孩子的愈合能力也是很强的，很快就忘记了这件事情，继续开开心心地学习和生活。反而是很多成人在失败了之后的痛苦很难痊愈，也许人的抗压能力会慢慢变弱，眼前的你只是一个不愿面对自己的人而已。

海伦·凯勒是一位出生在美国的著名作家和慈善家，在1968年6月1日的那一天，海伦·凯勒女士逝世，享年87岁。她在一生之中，有86年的时光都生活在没有光也没有声音的世界里。她在只有1岁半时，突然患了急性脑充血病，连续的高烧让小海伦一直都昏迷不醒，而当她醒过来的时候，眼睛已经被烧得看不见了，耳朵也被烧得听不到一点点声音。这对于小海伦刚刚开始的人生来说，无疑是致命的打击，她开始变得暴躁易怒，父母不忍心在不幸的小海伦发脾气之后还要去惩罚她，便一直迁就着她的一切。直到她遇到了人生中最重要的老师——安妮·莎莉文老师。安妮老师是一个非常细心的人，她也很懂得怎样去引导心里极其没有安全感的海伦。安妮老师首先了解了一下海伦的脾气，了解到海伦如此暴躁的原因是与外界失去了联系，便对症下药引导海伦。渐渐地，安妮老师赢得了小海伦的信任，并开始逐渐地引导海伦认识这个世界。在安妮老师的帮助下，海伦开始学习生活中的一切，也开始学习文字，这为海伦凯勒未来的写作之路打下了坚实的基础。

毫无疑问，对于一个听不到声音、看不到世界的孩子来说，学习是一件极为困难的事情，而安妮老师便用自己独特的方法耐心地教海伦口语。为了学习到“水”这个单词，安妮老师一次又一次引导海伦感受水管中流出的液体，最终，海伦慢慢地对学习语言找回了信心。为了让海伦体验发音的感觉，安妮老师把海伦的手放在了安妮的喉咙上感受发音的震动感。而此时的海伦不再害怕学习，想尽一切办法严格要求自己每天都要完成学习进度，最终，海伦成功了，考入了哈佛大学拉德克利夫女子学院，并且成为了一名出色的作家和教育家。

如果你还在感叹生命对自己的不公平，那你就想一想海伦凯勒的处境有多艰难吧，想一想海伦海勒是怎样面对困难，凭借坚强的意志不断地克服苦难，才能做到正常人很容易就能做到的事情。四肢健全的我们应该会更感慨自己还算幸运了吧，只要不放弃自己，一切都还来得及。

时间的长河总是在不断地向前，永远不会回头，这个世界的悲伤源源不断地朝心间侵蚀，我们不应该只在悲痛中看到悲观的自己，因为这个世界的美好还值得我们去拼尽全力地看一看。我们不应该被眼前看到的困难所打倒，因为真正打倒我们的其实是内心的恐惧和本能的逃避，只要走出心中的恐惧，勇敢地面对，我们就可以成为一个真正的人生斗士。朋友们，余生请更加阳光地对待自己！

哪怕遭遇困厄，也要牢记梦想

我们天天喊着生活好累，工作好苦，但又顶着压力在工作上尽心尽力；我们时常对着困难唉声叹气，但又得擦擦眼泪继续精神抖擞地奋力向前；我们经常自嘲是一条咸鱼，但又胸怀着一个梦想，默默无闻地为之努力。

没有梦想的人都没有灵魂，做着自己的本职工作只是为了完成任务而做的挣扎，双目无光，无精打采，而那些有梦想的人便不一样，做着自己喜欢的工作，每天为了创造出更加有灵魂的作品而用尽全身力气，辛苦却又幸福。你看舞台上的歌唱家，他们即使放声高歌好几个小时却依旧可以清清嗓子开始下一首歌；你看那旋转的舞蹈家，已经筋疲力尽，听到音乐之后便又翩翩起舞；你看那田间的画家，一直泼墨挥洒在画纸上，即使手腕酸疼却依旧在不停地挥动画笔。

克里斯是生活在旧金山的黑人男青年，靠着推销一种测量骨密度的医用仪器养着老婆和儿子。克里斯从没觉得日子过得很幸福，不过也没有痛苦，就跟其他普通人一样过着平淡的生活。直到有一天，一系列突如其来的变故才让克里斯知道生活远没有想象中的幸福，总会有考验推搡着每个人，让每个人都变得更加坚强。公司要裁员了，而他出现在了第一批的人员名单中。失业之后，妻子因忍受不了长期的贫困生活离开了他，把6岁大的儿子也一同带走了。但是没过多久，一再坚持的克里斯终于要回了儿子，从此克里斯不仅要面对失业的困境，还要独立抚养儿子。更加雪上加霜的是，克里斯因长期欠交房租被房东赶出家门，带着儿子流落街头。在接下来的几个月中，这对苦命父子的住所从纸皮箱搬到公共卫生间。而克里斯坚强面对困境，时刻打散工赚钱，同时也努力培养孩子乐观面对困境的精神，父子俩日子虽苦，但还是能快乐生活。

就在克里斯失业的时候，他遇见了一家股票经纪公司在招实习生，从此克里斯就决定要做一个出色的股票经纪人，和儿子过上好日子。即使带着儿子过着颠沛流离的生活，他依旧没有放弃。最终，完全没有股票知识的克里斯靠着毅力在华尔街一家股票公司当上了学徒，头脑灵活的他很快就掌握了股票市场的知识，拿到了这唯一一个正式员工的资格，成为了一名优秀的股票经纪人。

这就是电影《当幸福来敲门》的故事，一路上克里斯经历了很多的挫折和白眼，带着儿子的鼓励和自己对梦想的坚持，克里斯成功了。即使生活遇到了很大的困难，他依旧乐观地坚持着这份没有薪酬的实习工作，并且用这份乐观感染着儿子，最终和儿子一起共同渡过生活中的难关。

是梦想终究会遇到考验，生命在给你希望之光之前，总会先让你看到眼前的黑暗，总会逼着你进行一番摸索，总会先让你尝到跌倒的滋味。不经历风雨怎么能见到彩虹，没有黑暗怎么衬托光明的可贵和不易，没有痛苦怎么会珍惜到手的幸福，没有一番费力的摸索的打磨，怎么能找到手中最闪耀的钻石。记住，只要不忘初心，牢记梦想，就一定能跨越所有艰难险阻。

第11章 你不是最好的，但你能变得更好

常言道，金无足赤，人无完人。在这个世界上，没有任何人会是最优秀的，既然如此，就要发掘自己的内心，让自己更加坚定不移地努力前行，就像一个圆，正因为不够圆满，所以才能走走停停，找到人生之中更好的境遇，在人生的路途中欣赏更多的风景。

走自己的路，让别人说去吧

生活中，很多人太在意别人的眼光，面对别人的夸奖总是会认为这是对自己的认可，因此会开心雀跃；而面对别人的质疑总是会感到伤心难过，心生悲戚，在失意之时总是会拿一丁点的错误而联想起自己的整个人生，对自己全盘否定。其实，别人哪里知道你的实际情况，哪里知道你所面对的困难和所做的努力。对于每个人而言，只要一路上在跌跌撞撞中成长，就是来到这个世界最大的意义。读书的时候总会羡慕别人高高的考试成绩，羡慕别人永远在班级的前几名，而自己尽管一直也很努力却并未有很大的起色，所以老师总是说：在学习上，我们不要跟别人比，我们只跟自己比，只要你这次比上次进步了一点，那你的努力就没有白费，就是有意义的。对于很多事情，我们都要做到心中有数，只有踏踏实实地做好了计划的每一步，才能真正问心无愧。

张鹏是一个很优秀的男孩子，从小就一直很有主见，对于自己所有的一切都能打理得井井有条。当别人还活在父母的庇佑之下，他就能独立完成生活中的一切事情。通常，男孩子对买衣服这件事情都很头疼，而张鹏有自己的审美意识和穿搭风格。很快，到了人生最重要的选择时刻——高考之后的择校选专业。在家长的眼中，男生当一个医生或者老师安安稳稳地过一生是一个很不错的选择，而张鹏从小就对服装很感兴趣，总能把自己收拾得清清爽爽，整整齐齐。身边的很多人都说，好好的男孩子非要去学什么服装，这种又小众前途又很窄的专业一点都不稳定，但是张鹏并没有改变自己的想法。尽管遭到父母极力反对，张鹏依旧尊重自己的内心，选择了喜欢的服装设计专业。

整个大学期间，张鹏一点都没闲着，凭着对于服装设计的喜爱，他每天都积极听课，认真实践，课余时间也很积极地参加服装设计大赛。整个大学期间，张鹏拿了好多次奖学金，也成为了一个小有经验的服装设计人员。毕业的时候，他的父母劝他回家，并已经在老家帮他找好了一份老师的工作。但是这一次，张鹏依旧没有听从父母的劝导，而是坚持自己的梦想，独自一人背着行囊带着作品去了上海。初出茅庐的大学生当然会受到社会上很多人的不认可，张鹏也面临着被挑选的窘境，也曾被人指着鼻子说“你压根就不适合这个行业”。面对这些，他都选择默默承受，并且更加努力。最终，他找到了适合自己的平台，逐渐成长为一个小有成就的设计师。

每个人都渴望能够实现自己的理想，也想着在这个偌大的世界占有自己的一席之地，有时候别人的眼光会成为我们的阻碍，也有的时候前人失败的经验和世俗的眼光会让你更加怀疑自己的能力。但是只要坚持初心，坚持梦想，如为了设计师梦想的张鹏，定会排除万难，坚定地朝着既定的方向走下去。

生存在这个社会总免不了和很多人接触，也总是避免不了承受别人的眼光和评价，有人的地方总会有很多的舆论。但是也并不是所有的质疑都是错误的，每件事情都有其两面性，也许有人存心想给你的人生带来一点挫折，所以他的观点是盲目的，没有任何道理的，也有人总是很懂人情世故，对于你的夸赞也并不是全部出于真心，正确地辨别他人的话几分真假，也是人生很重要的一课。

出丑也没关系，只要忠于自己

小时候在课堂上，当老师提问到比较难的问题时，我们都会默默地低下头，而当被提问到的时候，回答不出的我们总是会觉得面红耳赤，羞红的脸则会埋得更深。我们因为无法回答问题感到羞愧，也为自己的无知感到狼狈。

事实上，人无完人，世界这么大，我们不可能懂得这世界上所有的东西，因此也没有必要为此感到羞愧。在这个时候，我们更加应该正视自己，找到自己的差距，找准自己哪里做得不够好，为之做出更为明确的努力。任何时候，成为更加优秀的自己才是更为重要的。

我们都活在这个社会上，每天在不同的群体中扮演着不同的角色。你可能是一个孝顺的儿子，负责任的丈夫，也可能是一个怯懦的同事，一个不那么优秀的团队成员；你可能是一个妻子，一个尽职尽责的母亲，却在工作中常常犯错误。总而言之，在这个复杂的社会群体里，我们每个人都扮演着不同的角色，也都会很在意别人的看法。

夏冰是一个特别热爱跳舞的姑娘，从小就一直在学习，但是由于接受能力较差，自身条件也不够优越，因此她在跳舞这条道路上一直走得都很艰辛。18岁那年，高中学校的毕业典礼征集同学们毕业前最后的表演节目，夏冰自告奋勇地报名了。从那以后，夏冰便开始为毕业典礼做准备，下课的时候，回到家的时候，无时无刻不在练习。就算膝盖摔伤了，处理一下伤口便重新投入新一轮的练习中。

毕业典礼的日子终于到来了，这是夏冰第一次在这么大的舞台，在这么多人的面前表演，所以她很紧张。在她的节目到来之前，她一遍又一遍地在心里熟悉所有的舞蹈动作。站在舞台上的那一刹那，她便心无旁骛地舞起来了，舞姿虽然不惊艳但却很流畅。然而，由于之前膝盖受伤了，其中一个需要腿部力量的旋转夏冰没有站稳，不小心摔倒了，此时的夏冰囧到极点，甚至还有不懂事的男生带着讥笑的语气大喊：“跳得什么呀，下去吧！”但是夏冰并没有被吓到，重新站起来坚持跳到整个歌曲结束。因为她知道，这是她最热爱的事情，既然选择了就要努力坚持下去！毕业典礼之后，夏冰心里很难过，因为这是自己第一次表演，却遭到了众人的嘲讽，然而夏冰也只给自己短暂伤心的时间，因为人生是自己的，何必在意别人的眼光。接下来要做的事就是坚持初心，更加努力地练习舞蹈。后来，夏冰开始跟随专业的老师进行系统化的学习，老师总能给她最专业的建议。大学毕业之后，刻苦努力的夏冰成为了一家歌舞团的专业舞者，并且在这条路上还会一直坚定地走下去。

夏冰是幸福的，因为她很早就找到了自己的梦想，并一直在坚持不断地努力，而在毕业典礼上的遭遇，夏冰也肯定是难过的，但是夏冰坚持到整首歌都结束正说明她是一个勇敢又坚强的姑娘。出丑没有关系，既然我们做得不好，便说明我们的实力还是不够，离优秀还有一段距离。这个时候的我们最重要的就是主动找到不足之处，并且弥补不足，朝着既定的方向努力。

我们都是平凡人，难免都会犯错，也难免会有人生的低潮期，面对别人的冷嘲热讽，我们都不需要太过在意。生活毕竟是自己的，只要我们相信自己，坚定最初的梦想，就一定会活出自我，活出风采。

打好手中的烂牌

在棋局上，惹人注目的不是那些可以轻而易取就取得成功的人，而是那些本无胜利机会、经过深思熟虑最终绝处逢生的胜者。

当羽翼尚未丰满的时候，我们一直想待在有安全感的地方，主动寻求父母的庇佑，其实这也是理所应当，因为此时的我们还没有实力可以独自面对这个世界的种种挫折和打击。但是当到了能够或者应该独当一面的年纪，依旧沉浸在安全的庇护之下，那便有可能面对别人的不一样的眼光。成年人的世界没有庇佑，命运常常根本不给任何人喘息的机会，因此我们就要在满满的荆棘之中找寻前方的路，勇敢地挥起手中的利器开疆拓土。

古人云：山重水复疑无路，柳暗花明又一村。命运总会安排一些磨难来锻炼人的意志，每个人都要好好梳理自己目前所处的情形，合理地安排身边的所有资源并对资源加以利用。身处荒岛尚且还能绝处逢生，只要放弃口中的怨言，坚定地找到自己的路，并持续不断地努力下去，就会看到全新的曙光。

甜甜是一个很喜欢表演的女孩子，小的时候看到电视上的人专心扮演别人的角色就觉得是一件很棒的体验，因此便在心里埋下了一颗表演的种子。上小学的时候，甜甜如愿加入了学校的话剧社。在第一个学期的过程中，社团准备在学校的文化节上排练一个话剧，因此便向社团里的小朋友征集报名，并安排了角色的面试。甜甜兴冲冲地报名参加，但是面试结果出来之后，却只得到了一只小兔子的角色。甜甜回到家心里便满是不开心，爸爸见状便来询问原因。甜甜说："我去面试了话剧里的主角，但是最后却只给了我一个小兔子的角色。"爸爸却说："相比那些没有得到角色的小朋友，你是不是该庆幸你得到了一个小兔子的角色呢，虽然小兔子不是主角，但是不是主角，都在你的心里，你要把你自己的角色当成主角来演，那你就是你自己的主角。"

甜甜听懂了，即使不是主角，也要认真对待。她开始观察小兔子的形态，认真地模仿，为自己的角色做出充分的准备。后来，等到话剧表演那天，大家都被甜甜活灵活现的表演吸引住了目光，大家除了精彩的剧情还记住了那只很可爱很努力的小兔子。

当我们进入困境之后，我们总觉得自己被困在了一个迷宫里，使出全身的力气，就是找不到那条出去的路，这个时候我们可能会承受很大的心理压力，也会不断地否定自己。但是冷静下来想一想自己手中的牌真的很烂吗？有没有可能换一种思路，换一个方法就可以看到新的曙光呢？我们做什么事情都要扬长避短，趋利避害，就像做述职的时候我们都明白要尽量隐藏自己的弱点，重点展示出工作的亮点，这样的我们才会走得更远。

不抱怨不埋怨，你的心如果一直在抱怨并一直愁云密布，那就顾不上别的了，人就是这么奇怪，一心不能二用，一心一意地做一件事才能最大效率地完成所有的事。在此基础上，你要认真地活好每一天，踏踏实实地让每一天都有收获，都成为自己的资本。记住，真正的强者会凭着实力，让手中的烂牌变成一副好牌！

任何时候，都要主宰自己的命运

当有很多选择的时候，人往往会陷入一种困境：不知道究竟要做出何种选择？大概这就是人们常说的选择恐惧症了。说白了，选择恐惧症无非就是害怕在某一时刻做出选择，害怕对自己做出的选择负责。那些喜欢寻求别人意见的人，除去寻求经验的因素，更大的原因是想从别人的建议上逃避自己的责任，想来也是挺悲哀的一件事。

人生是自己的，为什么总是向别人寻求意见和建议？为什么要仿照别人的人生轨迹？为什么不能勇敢一点，就算是失败了也是自己的选择？要对自己负责，不管是顺境还是逆境，每一段旅程都是自己的人生经历。只有成为生活的主宰，才不会被生活牵着鼻子走，才能毫无负担，心无旁骛地逼着自己往前走。记住，自己选择的道路，跪着也要走完。

小勤是一个做事果断、雷厉风行的姑娘，做每一件事都有自己的主见，快速分析利弊并做出选择。因此，刚刚大学毕业不到两年的她便已经在报社里成为编辑小组的责任人。然而，之前的她并不是这样的。小勤人生的第一次转折点出现在高中的文理分科上，小勤语文成绩比较好，英语成绩也不差，数理化成绩虽然并不是很优秀但是也并没有很糟糕，而她更喜欢文科多一点。因此在这种情况下，文科是比较适合她的。但是家里人持相反的想法，老爸说学好数理化走遍天下都不怕，而且文科分数线很高，录取人数和院校又比较少，一定要学理科。最终，听话的小勤还是选择了理科。

高考的时候，小勤又一次面临着人生的重要转折点，报考的学校和专业也确实是一件很难抉择的事情，面对众多的院校和专业，小勤又陷入了迷茫之中，因此又在家人的建议之下，报考了离家很近的学校和大家口中的热门专业。然而，大学的学习生涯并没有让她觉得很开心，终于，在另一个选择的路口，她勇敢地听取了自己内心的声音，转专业到了同校的文学专业，因为她一直以来都有个记者梦。转专业之后的小勤，每天都在主动吸收着自己喜欢的知识，并多次获得了学校的奖学金，毕业之后顺利进入一家报社，走到了今天的位置。

主动掌握自己的选择和命运，不受旁人的干扰，往往更能倾听自己内心最纯粹的声音。旁人的建议虽然可取，但是也只是一种参考性的东西，不能完全地生搬硬套。人生的路，要考虑好自身的具体情况，才能做好选择，找准方向。另外，更不能盲目从众，听从所谓的热门和主流之事，要学着像小勤一样，勇敢一点，拿出魄力做出属于自己的选择。

当然，做好自己的选择，便要风雨兼程地努力，不能给自己留出后路。总想待在自己的舒适区不愿走出，也只能是看着自己的选择荒废在手中，所以克服心中的惰性，不断鞭策自己努力，即使失败了，也是人生最宝贵的经历。

勇敢一点，再勇敢一点，谁不是在努力地活着呢？不要让别人帮你做出选择，自己的人生自己负责，自己选择的道路自己努力，不盲从，不失望，每个人都在努力！要相信，未来的你总会发光的！

每天进步一点点

生活的意义到底是什么？很多人常常跟别人探讨这个问题，也时常在心底里问自己，但是却很少有人能够回答上来。这么高深的一个话题我想大概永远都讨论不出一个令所有人都满意的答案。我觉得：人生不管有多少梦想，也不管这么多的梦想到底有没有实现，最重要的是每天都在开阔自己的眼界，每天都在进步中前进。唯有擦亮眼睛，才能更加清楚地认清这个世界，更加明确自己的航向。

开始接触英语的时候，总是先开始把26个英文字母背得滚瓜烂熟，然后开始背单词，学语法，不管学哪种语言都要从最基础的音标开始，日日积累，只有积累到一定程度了才会有质的飞跃。也不光是学习语言，任何一种技能都需要日积月累的巩固，有效的重复量变多了，才会更加熟练地掌握知识，才有可能在熟悉的基础上寻找更加深刻的东西。

不积跬步无以至千里，每天的进步不需要太多，只要能支撑得下自己的求知欲望，这一天就是有意义的。小小的水滴常年不断地滴落在坚硬的岩石上，也会把岩石打穿；又粗又硬的铁杵经过持续不断的打磨，也能变成精致的绣花针，只要肯努力，只要肯坚持做简单的事，就可以把简单变为生命中的不简单。

王皓是一个性格开朗同时很善于跟别人交流的人，虽然他今年刚刚大学毕业，但是已经在一家正规房地产经纪有限公司实习了一年。在大四刚开学的时候，由于明确自己的性格，他明白自己不适合做本专业的工作，于是果断地选择了销售的工作，最终进入了现在所在的公司。刚进入公司的时候，由于对很多事情都不熟悉，王皓有点惶恐，但是幸亏公司的制度比较人性化，针对新人有一个统一的培训系统。并且会在店面专门安排一个师父进行手把手教学。师父对王皓说："学任何东西都不能图快，而每天学习一点点并且加以熟练的应用，那你今天就是有收获的。同样地，当你所有的东西都学会了，把每天的过程都坚持下来，那也是有进步的。"因此，一开始很慌张的王皓开始慢慢地静下心来，学习业务上的所有事情。诸如怎么维护业主、怎么寻找房源。渐渐地，他对所有的事情都能够坚持且独立完成，工作也变得越来越有思路。

但是，销售本来就是一个不太稳定的工作，有很多的因素时时刻刻都在影响着销售业绩，市场的导向也是极其重要的因素之一。但是，此刻的王皓已经内心沉稳，他知道每天只要努力做好本职工作，没有客户的时候以自己的方式主动寻找客源，终有一天，量变会产生质变的。三个月后，一直处于沉寂状态的王皓不负众望，势如破竹，凭借着自己的努力走上了公司的领奖台。

不管在什么方面，工作也好生活也好，都要慢慢地走，每天都做好自己的事情，并且坚持不断地做下去，这样就是有意义的。王皓是一个坚定的人，能够在低迷的时候依旧做好手中的所有事情，这样的他每天都是全新的自己。

人生的路要一步一步地慢慢走，饭也只能一口一口地吃，唯有不慌不忙，不急不躁，每天做好该做的一切，等到晚上躺在床上闭上眼睛，才会在进步的喜悦中安然入睡。

真正的强者不会锋芒毕露

小时候总喜欢看古装武侠类电视剧，在武侠小说快意恩仇的江湖世界里，总会有那么一批人，他们其貌不扬，在热闹的街市中默默地观察着周围发生的一切，敏锐地判断着当前的局势。眼看着所有的人为了正义不断地加入江湖争斗，等到危难之时，便能挺身而出，为正义之士解围，为处于弱势的人们除恶扬善。而那时候的我们总是想成为那样一种浪迹天涯、无牵无挂的大侠。

现实生活中，我们的身边也总有那么一批人，他们上课的时候很轻松，下课的时候更加轻松，当你看到他们的时候，他们很少是在学习，但是一到考试的时候，他们却能够轻松地拔得头筹。也许我们都会认为这个人很聪明，每天都不怎么学习就可以考到这么高的分数，实际上他们有着独有的高效率的学习方法，上课的时候认真听讲就可以全部吸收，当然，也可能他在一个你看不见的地方用功读书，把所有应该做的努力全部都做了。常言道，咬人的狗不吠，做人也是应该如此，努力低调，才能震惊八方。

杨雪是一个很用功并且意志坚定的人，天生拥有一副好嗓子，小的时候看见电视里的歌手在舞台上放声高歌，振奋人心又闪闪发光，因此她就在心里埋下了一颗种子，立志做一名优秀的音乐人，并希望自己的声音能够带给更多的人温暖和力量。杨雪确实是一个有天赋的人，对于听到的歌曲能够很快地记住旋律，并且哼唱出来。父母见她对音乐有很大的天赋，便开始重点培养她的音乐素养，让她学习音律，学习钢琴，学习吉他。杨雪每天的生活被学习安排得满满当当，虽然对还是一个小女生的她来说这样的生活辛苦劳累，但是她没有一丝一毫的抱怨，即使每天都很累，但是她却感觉很充实很满足。

后来，杨雪考上了音乐学院，此时的她更加努力学习，一直在积极地寻找能够锻炼自己登上舞台的机会。在整个大学期间，杨雪虽然没有取得很大的成就，却练就了越来越强的本领。毕业之后，她成为了一名专业的和声歌手。每一个优秀的人并不一定从一开始就光芒万丈，做一名和声能够让杨雪的歌声展示到大家的面前，也让杨雪越来越强。有一次在一个晚会上，本来应该出场的女歌手由于突然的身体不适没法来参加，正在导演手足无措的时候，由于杨雪的实力大家都是有目共睹的，所以大家向导演提出建议，让杨雪上场顶替。就这样，杨雪登上了梦寐以求的大舞台，并且一出声就征服了所有人的耳朵，得到了大家的认可。

相信以后的杨雪肯定能够登上更大的舞台，没有一个人生来就能得到所有的目光，光芒万丈之前肯定会经历一段艰苦的岁月，所以在此之前，杨雪努力提高自己的专业实力，为了随时而来的机会做好万全的准备。每个人都需要有独立的品格，当机会就摆在面前的时候，要是不想让它就这么溜走，就一定要在此之前丰满自己的羽翼，让自己足够强才能用实力征服所有人。

天上的星星总是璀璨地眨着眼睛，可是它们只能等待黑夜的到来才能尽情闪耀自己的光芒。真正的强者也不是想遮挡锋芒，他可能在默默地提升自己的专业实力，或者他就是在等一个可以展示自己的舞台，沉寂之后的爆发才更能够一鸣惊人。

第12章 做真实的自己，过想过的生活

一个人最大的成功是什么？绝不是活成别人的样子，或者获得别人口中的成功。真正的成功，是能够做真实的自己，过上自己梦寐以求的生活。毕竟每个人对于成功的定义是不同的，对于人生的未来也有很多的选择。那么，只有活出独属于自己的精彩，才是人生中最有成就感、最伟大的事情。

计划好人生，按部就班前进

读书的时候，老师总是在晚自习的时候叮嘱我们，今天上课的内容一定要好好复习，复习完了之后，再拿出课程表，做好明天的学习计划，并且预习新知识。那时候我们不懂，总是不把老师的话当成一回事，因此，好像从来都没有认真地做计划。等到长大了，我们总会听到别人说：人生的每一步都要做好计划，我们可以给人生定下一个大目标，确定想成为什么样的人，做什么样的职业，在这个职业上想做出什么样的成就。然后，我们就可以定下一个目标，从开始的每年达到什么样的目标，分解到每半年每月每周达到什么目标，之后再到每天的学习计划，一步一步地往前走。这样一来，每天都能够完成小目标，最终一定可以完成人生的大目标。

做好计划之前一定要先有一个方向，定好人生的大方向也是极为重要的一件事，对于很多人来说，他们可以看见自己的兴趣爱好，也可以在一开始的时候就发现自己的天赋，并愿意在上面奉献一生的时间。但是，大部分人都是没有方向的，因为他们从一开始就被教导着要好好学习，而努力的目标也只是考上大学，并不知道自己到底想要的是什么。因此大多数人都要主动试错，一生之中有那么多的时间去经历，一定可以找到自己最想要的。

22岁的林涵是一家普通本科院校的大四学生，由于高考的失误，他错失了自己理想的学校，来到了现在的学校。但是，幸好他选择了喜欢的专业，并且愿意在这条路上一直走下去。从进入这所学校的那一刻起，他就明确了四年之中该走的道路，那就是为了他最心仪的学校而考研。在整个大学期间，他把每天的生活安排得满满的，从起床开始就密集上课，直到周末的时候，才能放松自己，去球场打打球，或者去校外的地方散散心，看看远方的风景。

每到放假的时候，林涵还会为自己安排短距离的旅行。这样的生活规律又充实，一直持续到了大三结束。接下来，他知道又到了需要全力奋斗的时候，一向喜欢做计划的他又做出了极为严密的计划，从起床的时间到洗漱时间、上厕所的时间都做出了严格的规定，从早到晚规范自己所有的生活学习事项，对于普通人来说，这么周密的计划肯定会带给人很大的压力，让人觉得喘不过气来，而林涵却说："做这么详细的时间计划，主要是为了规范我的行为，因为压力大的时候，就会情不自禁地拖延，导致很多时间都会被浪费。只有在计划的约束下，才能让自己挤出更多的时间。"

不管做什么事情，都要做好周密的计划。事例中，林涵是一个很有计划性的人，那么在未来的工作生活中，他也一定可以很快地找到生活的节奏。通常情况下，能够对生活和工作都做出严格要求的人，肯定是一个对自己高要求又认真的人，所以做事情也会更加出色。

世界上没有不劳而获，没有一件事情是容易做到的，当你面对一件任务就要用正确的态度去对待，因为，你会发现从皮毛到深入你需要付出极大的耐心和努力。即便你有很大的天赋，可要想做好一件事情，也需要付出比常人更多的努力。找准方向铺陈合理的计划，学习做计划的能力，你会在不断的坚持中成就更加优秀的自己。

你的幸福，只能由自己创造

幸福是什么？幸福的定义是小孩子拿到一颗棒棒糖时脸上的笑容；是晒着太阳，聊着家常的老年人的安详；是终于克服了一个难题，找到了成功方法时的喜悦；是鸟儿在天空中自在地翱翔，小鱼在水里轻快地向前游着。而你的幸福呢，你希望成为一个什么样的人，做什么样的事，完成什么样的梦想？人都是有双向需求的，你只有付出了自己认为的最大努力，得到了相同的回报，才会有幸福的感觉。

每一个人对幸福的定义是不一样的，所以总体来说幸福就是内心的欲望得到满足。你需要的越少，那就是一个常常被幸福感包围的人，而你需要得越多，就越难体会到快乐。合理的欲望能够使人把努力的心态发挥到极致，会让为你得到更多，为你提供更大的动力。但是人不能有太多欲望，欲望多了就容易贪心，想要的名和利总是会在心中慢慢变多，到那个时候，你也许就一辈子都体会不到幸福的感觉到底是什么样的。

每个人的人生都只掌握在自己的手中，无论你想要的是什么，你都需要主动去争取。会有很多人觉得自己的人生很悲凉，没有一点点幸福可言，但是，你睁开眼睛看看自己每天都在做什么，有没有为了自己想得到的付出相应的努力，如果你一直是一条咸鱼的话，有什么资格谈梦想。

田萍是一个性格很坚强的女生，在她小时候，父亲出了一次车祸，为了不让妈妈承受过大的生活压力，她总是主动承担家里的家务和田间的劳动。为此，她的性格变得越来越坚强独立。长大之后，学习压力太大，她总是一个人默默地承受着所有的压力，从来不跟爸爸妈妈倾诉。她只想凭借着自己的实力爱家人，让所有的人都平平安安，每天开心。坚强的她始终都在默默地努力，希望有一天所有人都可以很幸福。

在第一年的高考中，田萍考得很不理想，应该是她整个高三一年所有考试中考得最差的一次。要强的田萍在跟父母沟通了之后，坚定地选择了复读。田萍特意选择了一所封闭式复读学校，为的就是让自己更加静下心来好好备考，而那一年中，田萍与之前的同学都很少有联系。每天的生活就是三点一线，宿舍教室食堂，做了无数套的卷子，看了无数套解析资料，看了一年初升的太阳，关了一年教室的灯光。终于在人生的第二次高考中，她的努力没有白费。上天没有放弃任何一个努力的人，当田萍拿到重点大学的录取通知书的时候，留下了激动的泪水，这大概就是幸福的眼泪。

每个人必须靠自己的双手去创造幸福生活，对于田萍来说，想要得到什么就拼尽全力去争取，想要一个好的前程就抓紧一切可以学习的时间去学习。任何时候，只有掌握在自己手中的幸福才叫幸福，而为了幸福一点一点地努力，同时也是一种幸福。当你很努力地在背课文，花了一个小时之后能够流畅地背诵出来是一种幸福；当你面对一道很难的数学题，在尝试了好几种解题思路之后终于找到答案，也是一种幸福。所以说，自己去创造，去争取本身就是一种幸福。

我们所渴望得到的成功就是自己的幸福，没有人能随随便成功，前期的蛰伏必然是很辛苦的。可人生路上谁又不苦呢，没有苦哪来的甜？记住，天上不会平白无故地掉下馅饼，每个人都要找准方向并坚持不断地努力，因为上天不会亏待任何一个努力寻找梦想的人。

你真的喜欢每天的生活吗

清晨的第一缕阳光已经洒在脸上，你还在朦朦胧胧中，心里无比地厌弃今早的阳光，心想着昨晚刚做好一个策划案，抬头看见时间已经到了凌晨3点，于是洗漱一下，抓紧时间倒头就睡，心里更添几丝烦躁。几轮大脑的开机关机之后，迫于生计的你还是起床，蓬头垢面、闭着眼睛刷牙洗脸，早饭都来不及吃就匆匆出门，开始了新的一天。

在如今这个快节奏的社会里，你今天又是被人潮推进地铁的吗？你的脚步还是你自己掌控的吗？看着川流不息的车辆，每个人都情不自禁陷入沉思：我们一路都在慌慌张张，跌跌撞撞，身体是否已经敲响了警钟，脸上是不是又长出了几个微微发疼的新痘痘？你是不是又萌生了辞职的想法，是不是认真的想过自己真的喜欢每天的生活吗？

朱朱今年刚大学毕业，由于专业知识并不是很理想，因此在大学校招的时候就对未来的职业生涯很迷茫。当时正好看到了一家房地产公司在招聘房产经纪人，经过了解，公司会对刚入职的新人进行系统的培训，并且有完善的福利体系和透明的晋升制度，再说了做销售不就是业绩高提成高嘛，朱朱决定试一试，最终顺利地通过了面试。

入职半年有余的时候，朱朱对现在的工作流程已经相当熟悉，褪去了新奇和业绩上的疲累，每天早上按时上班，晚上按时下班，在没有客户的情况下就让自己泡在手机里，刷抖音，刷微博，看小说，没业绩也没有工资，整天浑浑噩噩，不知道自己在做什么。有一天，妈妈打电话，照常嘘寒问暖，但是妈妈的几声咳嗽却让他略有揪心。在家里他是独生子，印象中，爸爸妈妈都是激情饱满地面对生活中的大起大落，身体一直都很硬朗。而如今，爸爸妈妈开始变老了。于是他开始反思自己，反思过去，反思现在，思考着将来自己要何去何从。那天晚上，朱朱一夜没有睡着，始终在思考自己的生活状态和自己所能做到的一切。他暗暗地在心里做了一个决定：我不喜欢现在的生活状态，我不能逃避，我必须改变。

从此以后，朱朱认真地打理自己，把家里收拾得井井有条，休息的时候去跑跑步，健健身；工作上，他认真地梳理自己能做到的所有事，该带客户带客户，没有客户便认真摸索各种新增客户的来源，踏踏实实地做好自己能做的每一步，享受自己的每一个生活阶段。

朱朱之前的状态应该和时下很多很多年轻人都是一样的，焦躁，茫然，对人生没有目标，工作做得不太好，生活也没有打理好，每天睁开眼睛想的都是：我要辞职。对于领导的无理要求只能默默地咽下一口气，但是为了生计又不敢辞职，只能忍受。说实话，没有人喜欢这样的生活，但是生活是自己的。

你可以像朱朱一样，从现在立刻改变自己，不逃避，才能对现在的事情加以改变。

如果你对现状不满意，如果你不喜欢现在过着的生活，那就做出改变。从现在这一刻开始，你可以先调整自己的生活状态，可以把房间打扫得干干净净，书桌收拾得整整齐齐，卸载掉手机里所有的无聊软件；你可以早晨早起半小时去公园跑跑步，听听鸟叫声，看看早上的太阳；你可以梳理一下目前的工作中你做到了哪种程度，还有什么地方是你可以努力的；你可以把之前很想看的电影，很喜欢的书，都看一看。读一读，从中得到激励和力量。

生活中有这么多美好的事物，还有什么可焦躁，可空虚的呢？翻一翻你手中还有什么事情待处理，抓紧时间去做吧，生命正好，青春正好，你是自己的小太阳！

憧憬未来，让你更加动力满满

时间就像是一座银行，每个人的手中都有一本自己的存折，我们经历过的美好都会被存储，错失掉的就是被我们支取出来的。在未来的某一天，你会发现存入的留在这里，支取的留下印记。唯有带着目标不停经历，不停追赶，不断积累，你才能积攒更多的收获，人生才会成长，会增值。心中有方向，才能更加心无旁骛地风雨兼程。

现在很多年轻人都有一个通病，那就是没有明确的目标，找不到自己一直要努力的方向。这也跟如今的社会有很大的关系，社会节奏不断加快，生活难度不断加大，每个人都在努力谋生，并且不断麻醉自己。我的目标在哪里呢？不知道，于是在努力中彷徨着，在彷徨中又孤独地努力着。

目标感就是一个仪式，也是自己给自己的底线，我们要尽力追赶目标，争取超过目标，才能在人生路上一步一步地实现每个阶段该完成的使命。上天不会辜负你的天资和努力，心中构建一个未来的蓝图，不动摇，不放弃，你就能找到那条光明的康庄大道。

王宇虽然是一个很听话的孩子，但是也特别有思想。读小学的时候，每到升国旗，看着少先队员们戴着红领巾在红旗下面昂首挺胸，望着缓缓升起的鲜艳的红旗，王宇便立志要做一个优秀的少先队员。因此，当新一轮的少先队员选拔的时候，王宇便积极地报名，并且努力地为即将到来的演讲做准备。在众人面前进行演讲总会有些许紧张，为了锻炼自己，王宇先开始在爸爸妈妈的面前进行练习，后来在全家人的面前练习，最后在很多的邻居面前练习。最后，在全校人的面前，王宇自信满满顺利地完成了演讲，最终当选新一届少先队员，完成了小目标。

渐渐地，王宇长大了，有一次去邻居家玩的时候，看到邻居家的哥哥在看篮球比赛，王宇也和邻居哥哥一起看起来。在观看比赛的过程中，运动员的激情与碰撞点燃了王宇心中的焰火。从那时起，王宇在心里一直装着一个梦想，他要成为一名专业的篮球运动员。孩子有梦想有目标当然是好事，王宇的父母也很支持他，开始给他训练体能寻找专业的体校。从那个时候开始，王宇开始了辛苦的训练生涯，每天6点早起，锻炼体能，白天进行训练，晚上也要进行相应的训练。即便如此，王宇觉得并不够，平时休息的时候也在坚持训练。终于，在不断的坚持和努力下，王宇成为了一名专业的篮球运动员。

王宇未来的路还有很长，但是他心中有着明确的目标，并且一直在为着目标不断地坚持和努力。所以，只要你心中有梦想，所有的辛苦都是值得的，所有经历过的都不觉得是磨难。这只是实现目标的一个小小障碍，并不能消磨掉激情，也打压不了实现梦想的热情。

梦想就是每个人心中最好的未来，生活不就是为了实现一个个目标而不断地坚持着，憧憬未来就意味着做好每一步的计划。你可以先把目标做一个合理的规划，分解成每一个阶段要实现的小目标，此时你便会觉得其实当时所定下的那个目标并没有那么遥远，只要坚持目前所要做的事情，便能一步一步地向前冲，为未来坚持不懈地奋斗和努力。

学会拒绝，是保护自己的方式

生活中有很多人都活得很累，面对任何人的嘱托，都从来不会拒绝。有时候，他们明明有自己要忙的事情，但是面对别人的请求又会心软下来。有时候，这件事情他们可能没有做过，但是为了帮忙，就勉为其难地去做。很多人碍于情面都会答应别人的请求，但是帮助别人也要考虑自己的实力，对于自己做不到或者不想做的事情，拒绝并不是一件坏事。

曾经看到过这样一句话，不要用你的怜悯之心去看待这个世界，这个世界可怜的人太多了，你照顾不了这么多的悲惨。有时候很多大街上的乞讨者，表现出一副惨兮兮的样子，但是事实是什么样的我们都不清楚。也会看到很多的报道，乞讨者月薪上万，开着豪车出来乞讨，也有些专业的乞讨组织，坑蒙拐骗妇女儿童进行乞讨，这样的新闻层出不穷，这样的人只是在消费你的善良，不值得同情，对你也是一种精神上的伤害。

明明是一个可人的姑娘，也是同事们心目中的老好人，从来都不懂得拒绝别人。只要交到她手上的事情，她一定不会拒绝，而且会很好地完成。上班不忙的时候，女孩子都喜欢在闲暇的时候出门逛逛街，看看风景，呼吸一下外面新鲜又自由的空气，但是明明是一个安静的人，她喜欢一个人留在写字楼的格子间里看看喜欢的动画，做喜欢的事情，或者去图书馆看看书，写写作业。但是每当有同事邀请她一起去，她总是不拒绝，即使自己计划好的事情也会拖着。虽然她的心里也会焦急，但是有第二次的邀请她还是不会拒绝。

明明从事的是本专业的会计工作，对待工作本本分分，平淡而又充实。有一次，同事小莹晚上有急事，便把还未做完的报表交给明明帮忙做完，虽然明明下班之后约了朋友一起吃饭，她却没有拒绝，默默地把剩下的报表全部都做好，然后发给了小莹。第二天，小莹没有检查就直接把报表交给了领导，谁知报表有错误，小莹被叫到办公室进行了一顿批评，哪知小莹反咬一口，说自己昨晚有事，报表是交给明明做的。为此，领导当即狠狠批评明明，并且把报表交给明明。明明拿到报表之后，发现错误之处只是小莹之前做的那部分，责任不在自己身上。明明深知此时推卸责任会让领导更加生气，便一句话都没有说扛下了全部的责任，这一次让明明得到了深刻的教训，并在心里暗暗下定决心：以后坚决不随便给人帮忙，把自己的事情做好最重要。

明明是一个善良的人，但是太过纵容别人消费自己的善良，就是对自己的伤害。对于帮助应该认清所帮之人的人品，如果可靠且真心，对于自己力所能及的事情就可以随手帮忙，当然对于那些看不清真心的人，拒绝可能也是对自己的一种保护。

每个人只要做好自己就是对自己最大的爱护，生命这么长远，人心这么复杂，所谓路遥知马力日，久见人心是很有道理的。每一个人都是这个世界唯一的个体，都拥有着独一无二的灵魂。我们不用管别人对我们是怎样的态度和看法，对于不合理和对自己不公平的要求和帮助，我们都可以大胆地拒绝。在这个公平的世界里，我们每个人都拥有维护自己利益的权利，在复杂的世界里，做自由的自己才是最美好的事情。

选择让自己感到舒服的方式去生活

还记得小时候的时光，天真烂漫，自由自在。春日里果园欣欣向荣，果树花开，摘野花，逛池塘；夏夜里，伴着蝉蛙齐鸣声渐渐入睡；秋日黄昏时，看着硕果累累，和小伙伴一起追逐打闹；大雪的冬季里，看着大团大团棉花状的雪从天而降，落在脖子里，凉飕飕地打个寒颤，雪停之后便又是另一个乐园，顺着下坡踩成一个滑梯，飞速滑下，那便是童年最美好的记忆。

而现在已长成大人的我们，在这个快节奏的社会里背负了太多的压力，这些压力蒙住了我们的双眼，甚至腐化了我们的心智，让我们找不到生活的一丝幸福和愉悦。我们仿佛也失去了在这无趣的生活中取悦自己的能力，成为了迫于生计闭眼往前走的傀儡。这样的自己，注定不能快乐！

生活不止眼前的苟且，还有诗和远方。我们要善于发现生活中的小美好，人生匆匆几十年，及时行乐，找到自己的生活节奏，你就是自己的阳光。

大聪在读书的时候就是一个精致的姑娘，每天把自己收拾得清清爽爽，宿舍的各种收纳也做得整整齐齐，在衣物的选择上也很有品味，整体都让人觉得很舒服。除去这些，大聪还喜欢看书，书架上除了专业的书籍之外，都是自己喜欢的书；另外，她还喜欢听音乐，根据自己的需求买了一个重低音耳机，看书的时候，挂上耳机，那就是自己的完美世界。

毕业了之后，大聪进入了一家投资公司，生活方式跟之前相比，简直天翻地覆，早上八点钟到岗，起床之后匆匆洗漱，连早饭也没时间吃就要一路小跑赶着公交换乘地铁到公司。晚上，工作指标未完成就无法离开工作岗位，有时候到家的时候都已经11点了，拖着疲惫的身躯，收拾完所有的东西，躺到床上闭上眼睛三分钟就可以入眠。与此同时，大聪失去了所有的私人时间，每天所有的事务都是围绕着工作连轴转。

有一天休息的时候，大聪睁开眼睛，看了一下手机，猛地惊醒，因为已经下午3点钟了。她忽然觉得如今的生活太可怕了，没有自己的时间，没有能让自己开心的事情，没有灵魂，只是机械地围绕着工作在连轴转。此时此刻，她在心里告诉自己一定要改变。现在大聪对工作已经渐渐地熟悉了，时间也完全可以掌握，围绕着紧凑的工作时间，自己还能做些什么呢？经过精心的思考，大聪得出了一个可行的计划：晚上一定要尽早睡，睡前听半小时的音乐，并且看书半小时；每天早晨6点起床，练一会儿瑜伽，收拾完自己去吃个早饭，在保持愉悦的心情听着音乐时，从容地去上班；休息的时候一定要作息规律，要么去公园散散心，要么在家里做自己想做的事情。就这样，那个精致又神采奕奕的大聪又回到了大家的视线里。在这样精神饱满的情况下，大聪的工作效率也越来越高，同时也得到了领导重视，事业上的发展越来越好。

在如此辛苦谋生的世界里，我们要像大聪一样依照自己的实际情况调整生活的节奏，选择让自己舒服的状态来精彩地度过每天的时光。失去的不会再回来，因此我们才要更加珍惜。没有人可以左右或改变我们的生活，能掌控人生的只有我们自己。

从现在开始，拾起曾经遗弃的画笔，拿出封存已久的那本喜爱的书，或者，说走就走，去那个一直想去的旅行目的地，来一场肆无忌惮的独自旅行。收拾好心情，学会在繁忙中找到自己的小确幸，只要是自己想做的就好。

参考文献

[1]景天.别在吃苦的年纪选择安逸[M].南昌：江西教育出版社，2016.

[2]李贝林.人生瞬息万变，你要学会坚持[M].广州：广东旅游出版社,2013.

[3]倪浩，张淑娟.不吃苦，不奋斗，你要青春干什么[M].北京：企业管理出版社,2017.